표면반응공학

표면반응공학

초판 인쇄 2009년 7월 5일 | **초판 발행** 2009년 7월 10일

지은이 김기석 | **펴낸이** 이효수 | **펴낸곳** 영남대학교출판부 | **디자인** GukjeAD

출판등록 1975년 9월 5일 경산 제16-1호 | **주소** 경북 경산시 대동 214-1
전화 053) 810-1801~3 | **FAX** 053) 810-4722 | **홈페이지** book.yu.ac.kr

ISBN 978-89-7581-378-8 93570

• 값은 표지 뒷면에 있습니다.
• 잘못 만들어진 책은 바꾸어 드립니다.

SURFACE REACTION ENGINEERING

표면반응공학

김기석 지음

영남대학교출판부

머리말

최근 10년 동안 불균일상 반응계의 반응 속도와 불균일상 반응기의 설계 방정식들을 다룬 두 권의 대표적인 영문 도서들(Fogler, H. S., *Elements of Chemical Reaction Engineering*, 4th ed., Prentice-Hall, 2006; Levenspiel, O., *Chemical Reaction Engineering*, 3rd ed., Wiley, 1999)과 그들의 국문 번역판 도서들이 출판되었으나 전자는 구성과 내용 면에서 산만하고 후자는 다루어야 할 주제 면에서 다소 부족한 점들이 있다고 생각된다. 즉, 이 도서들은 고체촉매 표면에서 일어나는 유체-고체 반응계의 intrinsic reaction rate에 대한 반응기구적 고찰과 유체-유체 반응계에 있어서 반응 영역에 따른 반응속도론적 모델에 대한 고찰을 깊이있게 다루고 있지 못하다.

전자의 고찰은 불균일상 고체촉매 반응의 총괄 반응 속도의 이해에 있어서 선수적으로 필요한prerequisite 단계이며, 후자의 고찰은 기체-액체 반응에 의한 원료의 처리 및 제품의 생산 측면에서 매우 중요한 주제에 해당된다. 따라서 이러한 고찰들이 불균일상 반응공학에서 보편적으로 취급되는 여타의 주제들과 함께 다뤄지는 도서가 있을 경우 불균일상 반응공학의 체계적인 학습에 큰 도움이 될 것이다.

위와 같은 맥락에서 이 책은 균일계에 대한 반응공학 과목을 이수한 화학공학 전공의 학부 과정이나 대학원 과정 학생들을 위한 불균일상 반응공학 또는 화학반응공학 특론advanced chemical reaction engineering 과목을 위한 전공 도서 또는 참고 도서로서 적합할 것으로 사료된다.

위에서 언급한 도서들과 비교했을 때 이 책은 다음과 같은 특징과 장점을 가지고 있다. (1) 불균일상 반응공학의 한 학기 강의에 적합한 분량의 내용과 주제들로 구성되어있다. (2) 전형적으로 공학자engineer의 관점에서 쓰여진 다른 도서들과는 달리 고체촉매 표면에서 일어나는 유체-고체 반응의 intrinsic reaction rate에 대한 반응기구적 고찰을 다루고 있다. (3) 고체 촉매의 비활성화와 재생처리에 대하여 개념적으로 고찰하고 있다. (4) 유체-유체 반응계의 반응 영역에 따라서 반응속도론적 모델들이 차별화되어 고찰되고 있다. (5) 비단열 다단계 고정층 촉매 반응기 계의 냉각 방식에 따른 전화율 vs. 온도의 상관관계 및 최소 촉매량에 대한 고찰을 다루고 있다.

이 책의 각 장마다 예제examples를 제시하여 이론적인 전개의 실제적 적용 사례를 설명하였고, 익힘문제들을 부과하여 학습 내용의 숙지 정도를 가늠할 수 있도록 하였다.

2009년 6월

저자 씀

차 례

chapter 1

촉매작용catalysis과 촉매반응catalytic reaction

chapter 1

촉매작용catalysis과 촉매반응catalytic reaction

많은 반응들은 보편적인 개념에서 반응물질 또는 생성물질이 아닌 어떤 제 3의 물질의 존재 하에서 훨씬 더 빠르게 일어나는데 이러한 물질을 촉매catalyst라고 부르며 촉매에 의해서 반응 속도가 증가되는 과정을 촉매작용이라고 부른다. 촉매는 대부분의 일상 생활과 공업적인 과정들에서 사용되므로 그 중요성은 아무리 강조해도 지나치지 않을 정도이다. 황산, 농업용 비료, 합성수지, 그리고 연료의 생산과 같이 공업적으로 중요한 대규모 생산 조업의 기초가 되는 촉매 반응들과 촉매들은 다음과 같다:

$SO_2 + (1/2)O_2 \rightleftarrows SO_3$ (V_2O_5 촉매)

$N_2 + 3H_2 \rightleftarrows 2NH_3$ (Fe 촉매)

$C_8H_{10} \rightleftarrows C_8H_8 + H_2$ (K_2CO_3, Fe 산화물 촉매)

$CO + 2H_2 \rightleftarrows CH_3OH$ (Cu, Zn 산화물 촉매)

$ROOH + C_3H_6 \rightarrow C_3H_6O + ROH$ (용해성 Mo 유기금속 촉매)

$CH_3CHCH_2 + C_6H_6 \rightarrow$ Cumene (용액 또는 고체 산 촉매)

이 장에서 우리는 몇 가지 종류의 촉매 반응들에 대해서 촉매작용과 촉매 반응 속도식의 일반적 개념들을 고려하고자 한다. 그리고 다음 장(제 2장)에서는 세공성porous 촉매 입자들 내부에서 일어나는 촉매 반응의 속도에 미치는 물질 전달 및 열 전달의 영향과 촉매 비활성화deactivation 및 재생처리regeneration에 대한 개념들을 서론적 차원에서 다룰 예정이다.

1. 촉매작용과 촉매

1.1 개념과 성질

다음의 요점들은 촉매작용과 촉매의 정성적 개념과 성질을 보다 더 분명하게 밝혀주고 있다:

(1) 촉매의 주요한 특징은 촉매를 사용하지 않는 경우와 비교했을 때 반응 속도를 증가시킨다는 것이다.

(2) 촉매는 반응속도식과 반응 기구reaction mechanism에 직접적 또는 간접적으로 나타나지만 반응의 양론적stoichiometric 표현에는 나타나지 않는다. 촉매는 양론적 개념에서 반응의 반응물질 또는 생성물질이 아니다.

(3) 촉매의 양amount은 반응이 진행되는 동안 변하지 않는다. 단, 촉매의 성질들은 반응이 진행되는 동안 일부 변화할 수 있다.

(4) 촉매는 생성물질들의 화학적 성질에 영향을 미치지 않는다. 그러나 촉매에 의해서 한 가지 이상의 반응이 일어날 경우 촉매는 반응의 선택도selectivity에 영향을 미친다.

(5) 위의 (4)와 관련하여 촉매는 반응의 열역학적thermodynamic 친화도affinity에는 영향을 미치지 않는다. 즉, 촉매는 반응 속도에는 영향을 미치지만 반응의 자유 에너지 변화량(ΔG) 또는 평형 상수(K_{eq})에는 영향을 미치지 않는다.

(6) 촉매는 가역 반응reversible reaction에 있어서 정반응forward reaction과 역반응reverse reaction을 모두 가속시키므로 반응 평형에 빨리 도달시킨다. 예를 들어, 금속은 수소첨가반응hydrogenation과 탈수소화반응dehydrogenation 모두에 대해서 좋은 촉매이다.

(7) 촉매는 반응의 양론stoichiometry이나 열역학thermodynamics과는 관계가 없지

만 반응 기구와는 연관되어 있다. 반응 속도를 증가시키는 과정에서 촉매와 반응물질 사이에 중간체intermediates가 형성되고 그로부터 생성물질이 얻어지고 촉매가 재생되는 데 있어서 보다 더 쉬운 경로가 제공된다. 이 경로는 보다 낮은 활성화 에너지 E_A와 연관된 경로이다.

촉매는 반응 기구의 연속된 단계들에 포함된 종species이지만 생성물질이 형성된 다음에 재생되어서 또 다른 촉매작용 주기catalytic cycle에 참여하게 된다. 그림 1.1에서는 몰리브덴Mo을 촉매로 사용하여 프로필렌 산화물propylene oxide을 상업적 규모로 제조하는 촉매 반응에 있어서 촉매작용 주기를 도식적으로 나타내었다.

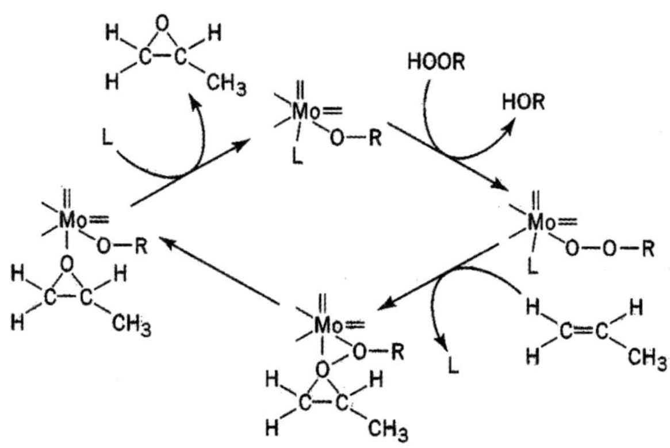

그림 1.1_ C_3H_6O를 제조하는 반응의 촉매 작용 주기 (Chong 과 Sharpless, 1977)

위와 같은 촉매 반응 기구는 3개의 이분자bimolecular 반응 단계들과 1개의 단분자unimolecular 반응 단계가 다양한 비반응성 리건드L와 반응성 리건드(예를 들어 O-R)가 결합된 몰리브덴 촉매에서 일어나는 것으로 설명될 수 있다. 촉매작용 주기의 각 반응 단계는 기초 반응elementary reaction이며 하나의 완전한 촉매작용 주기를 turnover라고 부른다.

1.2 여러 가지 유형의 촉매작용

촉매 활성catalytic activity의 근원이 되는 종의 성질에 근거하여 여러 가지 유형

의 촉매작용을 다음과 같이 구별할 수 있다:

(1) 분자 촉매작용molecular catalysis : 분자 촉매작용은 동일한 분자 종이 촉매로 사용되는 반응 시스템에 적용되는 용어이다. 분자 촉매들은 균일상homogeneous 촉매로서 많이 사용되지만 분자 개체들molecular entities을 고분자 물질에 부착시킨 것과 같은 불균일상heterogeneous 촉매로도 또한 사용될 수 있다.

(2) 표면 촉매작용surface catalysis : 고체의 표면 원자들에서 일어나는 촉매작용으로서 서로 다른 성질들을 가진 표면 원자들과 활성점들active sites이 촉매 활성의 근원이다. 고체 촉매이므로 표면 촉매작용은 성격상 불균일상이며 반응 기구 면에 있어서 분자 촉매작용과 다르다.

(3) 효소 촉매작용enzyme catalysis : 효소들은 살아있는 유기체들의 생화학적 및 생물학적 반응들을 일으키는 단백질들이다. 효소 촉매작용은 보통 모든 활성점들이 동등한 분자 촉매작용에 해당된다.

(4) 자동촉매작용autocatalysis : 자동촉매작용에서는 생성물질들 가운데 어느 하나가 촉매로 작용하므로 반응물질이 소모됨에 따라서 반응 속도가 증가하여 최대값을 가지게 된다.

(5) 균일상 촉매작용homogeneous catalysis : 반응물질들과 촉매가 동일한 상phase으로 존재하는 기체상 아세트알데히드acetaldehyde 분해반응과 액체상 에스테르화esterification 반응들이 그 예이다. 그림 1.1에 나타낸 몰리브덴 촉매와 분자 촉매들은 여러 액체들에 녹아서 균일상 촉매작용에 사용되며 기체상 종들도 또한 촉매로 사용될 수 있다. 균일상 촉매작용은 분자 촉매작용에 해당되는데 화학 산업에 사용되는 상업적 촉매 반응들의 약 20%를 차지한다.

(6) 불균일상 촉매작용heterogeneous catalysis : 반응물질들과 촉매가 다른 상으로 존재하며 상업적 촉매 반응들의 약 80%에 해당된다. 그 예로서 고체 촉매를 사용하는 많은 기체상 반응들과 서로 다른 두 가지 액체상(즉, organic phase와 aqueous phase) 사이의 반응들을 들 수 있다. 불균일상 분자 촉매들은 촉매작용을 하는 분자 중심들을 고체 또는 고분자 물질에

부착시킨 것으로서 표면 촉매작용을 하게 된다. 불균일상 촉매작용에서 관찰되는 반응 속도는 원래의intrinsic 반응 속도와 전달 과정transport process의 속도의 영향이 함께 결합된 것이다. 균일상 촉매작용에 비해서 불균일상 촉매작용은 일반적으로 조업상의 융통성이 더 크고 촉매의 분리 회수에 수반된 비용이 더 작다.

1.3 촉매작용의 일반적 사항

1.3.1 촉매 활성점

촉매 활성점은 촉매작용의 핵심을 차지하는 개념으로서 반응 단계들에 포함된 촉매작용의 중심으로 정의된다. 고체 표면에서 일어나는 촉매 반응들에 있어서 촉매 활성점은 반응 중간체들과 결합하는 촉매 표면의 어느 한 지점을 가리키는 표현이다. 이 개념은 그림 1.2에 나타낸 것처럼 연속적인 고체 금속 촉매 표면을 금속 원자들의 작은 집합들ensembles로 쪼개서 생각한 예로부터 쉽게 이해될 수 있다. 이 예에서 볼 수 있듯이 바람직한 촉매 활성점들은 금속 표면에 존재하며 주어진 촉매 부피 내에서 금속 원자들이 촉매 표면에 최대한 많이 존재하기 위해서는, 즉, 금속의 노출된 표면적을 증가시키기 위해서는 금속이 활성이 없는 고체 담체support 위에 작은 결정들crystallites의 형태로 담지되어 존재할 필요가 있다. 그림 1.2(a)에 나타낸 전자 현미경 사진에서 금속 결정들은 어두운 색의 작은 입자들로 나타나고 담체는 밝은 색의 훨씬 더 큰 입자들로 나타난다. 결합제binder를 사용하여 이러한 물질을 펠릿pellet 형태로 압축하면 반응기 내에서 사용할 수 있는 형태의 촉매가 된다. 그림 1.2(b)는 그림 1.2(a)에서의 작은 금속 결정 입자들을 확대시켜 나타낸 것이며 그림 1.2(c)는 금속 입자의 결정 구조를 원자 차원에서 도식적으로 나타낸 것이다.

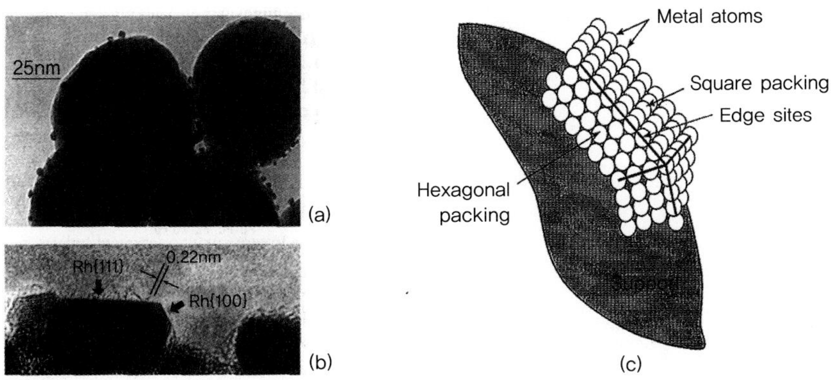

그림 1.2_ (a), (b) 실리카(SiO_2)에 담지된 로듐(Rh) 촉매의 전자 현미경 사진; (c) 금속 결정 입자의 원자 차원의 구조를 나타낸 도식적 그림 (Missen 등, 1999)

그림 1.2(b)와 1.2(c)로부터 표면 촉매작용을 분자 촉매작용으로부터 구별시키는 다음과 같은 두 가지 중요한 사항들을 생각할 수 있다:

(1) 모든 활성점들이 동일한 세기의 반응성reactivity을 가지는 균일상 또는 분자 촉매들의 경우와는 대조적으로 고체 촉매 표면에 존재하는 활성점들은 반응성의 분포distribution를 가질 수 있다. 즉, 금속 결정들의 크기가 서로 다르고 촉매 반응들이 일어나는 표면 금속 원자들의 유형도 서로 다르다. 금속 원자들의 배열도 어느 한 면에서는 육각기둥hexagonal packing 형태로 되어 있는 반면, 다른 면에서는 장방형square 형태로 되어 있을 수 있다. 이 두 표면에 대한 반응 중간체들의 결합 형태도 서로 다르다. 여러 다양한 면들 사이의 모서리edge에 위치한 원자들의 경우에는 위와는 또 다른 다양성이 발견될 수 있다. 이와 같은 가능성들을 구별할 수 있을 만큼 고체 촉매 표면에서의 반응 기구들이 충분히 자세하게 알려져 있지 않으므로 보통의 경우 고체 촉매 표면에 단일 유형의 활성점들이 존재한다는 단순화된 가정을 자주 하게 된다. (실제 상황은 훨씬 복잡하다는 사실에도 불구하고)

(2) 고체 촉매 표면이 아주 넓으므로 인접한 활성점들에 결합된 중간체들 간의 상호작용이 있을 수 있으며 이로 인하여 중간체들 간의 반응이 일어날 가능성이 커진다.

1.3.2 반응 속도에 미치는 촉매작용의 영향

촉매는 반응에 필요한 에너지를 낮춤으로써 반응 속도를 증가시킨다. 그림 1.3에는 메탄올 합성 반응 $CO + 2H_2 \rightarrow CH_3OH$ 에 있어서 에너지 차원에서 생성 물질들로 도달하는데 더 쉬운 경로들을 제공하는 촉매에 대한 다단계 반응 좌표축 다이어그램reaction coordinate diagram이 제시되어 있다. 여기에는 각 단계의 활성화 에너지와 중간 단계들의 에너지 수준이 도식적으로 표시되어 있다. 이 반응이 기체상에서 촉매 없이 자체적으로 일어나기 위해서는 H-H 결합의 파괴breakage와 같은 높은 에너지 단계가 필요한데 이러한 단계가 혼자서 일어나는 것은 관찰된 바 없다. 수소(H_2)의 해리dissociation가 자체적으로 일어날 수 있다 하더라도 부분적으로 수소첨가된hydrogenated 중간체들의 생성은 에너지 차원에서energetically 실현되기 어렵다. 또한 충분한 연쇄-라디칼 반응 기구radical-chain mechanism가 설령 존재하더라도 이러한 단계들을 촉매 없이 달성하는데 필요한 에너지 비용이 너무 높아서 비현실적이다. 팔라듐(Pd) 금속 촉매 표면도 H-H 결합들을 쪼개어서 Pd-H 결합들을 형성하지만 이 반응 단계는 위의 경우와는 달리 에너지를 방출하므로 실온room temperature에서 일어난다. 그림 1.3에 자세한 촉매 반응 기구가 나타나 있지는 않지만 타당하게 보이는 반응 단계들과 문헌치에 부합되는 에너지 값들이 표시되어 있으며, 팔라듐 표면에 대한 결합이 유기 중간체들에 있어서의 결합 변화들과 균형을 이루고 있다. 좋은 촉매이기 위해서는 반응 좌표축 상의 모든 단계들이 에너지 차원에서 가능한 것들이어야 하지만 아주 강하게 결합된 중간체들은 에너지 차원에서 유리하더라도 중간체들이 너무 안정되어 더 이상 반응하지 못하므로 생성을 피해야 한다. 일반적으로 반응 속도는 촉매 활성점들이 서로 독립적으로 기능할 경우 촉매의 양에 비례하게 된다. 단위 시간당 단위 활성점 당 turnover 수를 turnover frequency 라고 부르는데 촉매의 반응성은 촉매 단위 질량 또는 체적 당 활성점들의 수와 turnover frequency의 곱에 해당된다.

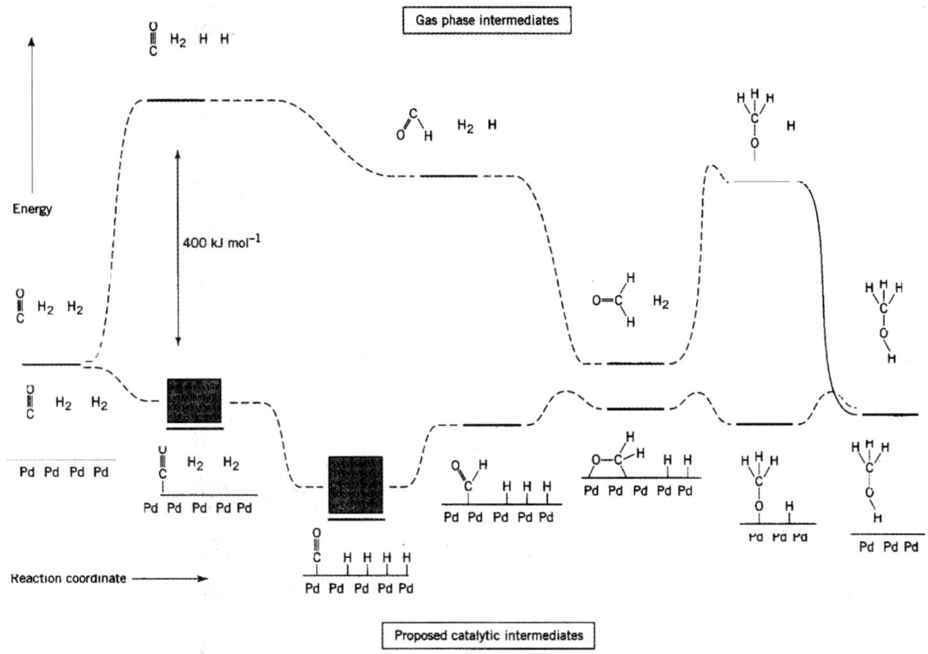

그림 1.3_ 메탄올 합성에 대해 제시되는 팔라듐 촉매 표면에서의 반응 기구와 기체상 반응 기구 간의 비교 (Missen 등, 1999)

1.3.3 촉매작용에 의한 반응 선택도의 조절

촉매는 반응 속도를 가속시킬 뿐만 아니라 다른 반응들에 비해서 어느 한 반응의 속도를 더 많이 가속시킴으로써 반응 선택도를 조절하게 된다. 그림 1.4는 서로 다른 촉매들이 서로 다른 선택도들을 어떻게 가질 수 있는지를 도식적으로 나타내 보이고 있다. 니켈(Ni) 촉매 표면에서는 일산화탄소와 수소로부터 메탄methane이 생성되지만 팔라듐 촉매 표면에서는 메탄올이 주된 생성물이다. 이와 같은 선택도의 차이는 니켈 촉매 표면에서 일산화탄소의 해리가 상대적으로 쉽게 일어나고 결과로 생긴 탄소와 산소 원자들이 수소첨가되어 메탄과 물water이 생성되는 반면, 팔라듐 촉매 표면에서는 높은 활성화 에너지 때문에 일산화탄소의 해리가 일어나기 어려워 니켈 촉매 표면에서와 같은 반응 경로가 불가능하기 때문이다.

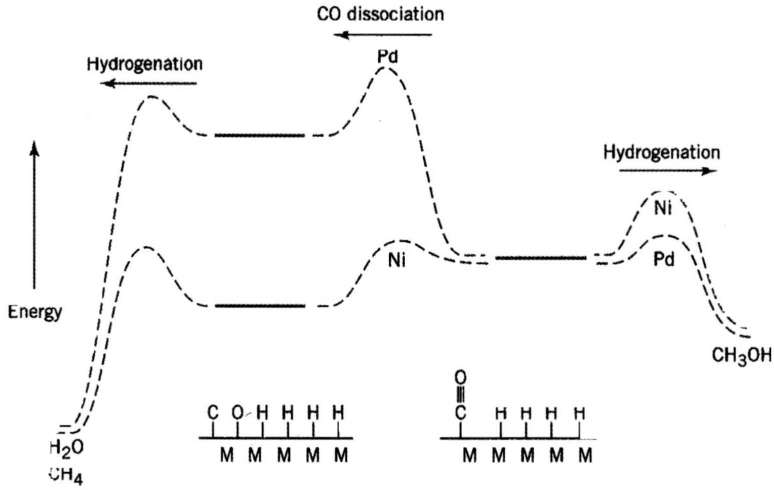

그림 1.4_ 팔라듐과 니켈 촉매 상에서 일산화탄소의 수소첨가반응에 대한 가상적 반응 좌표축 다이어그램 (Missen 등, 1999)

1.3.4 반응 진행도extent of reaction에 미치는 촉매작용의 영향

촉매는 반응 속도 만을 증가시킬 뿐, 열역학적 친화도는 증가시키지 않는다. 촉매의 존재는 반응물질들 또는 생성물질들의 Gibbs 자유 에너지에 영향을 미치지 않으므로 반응의 평형 상수에도 영향을 미치지 않는다. 그러므로 반응 평형에 도달하면 정반응과 역반응의 속도들이 같아지므로 촉매는 이 반응들의 속도들을 동시에 가속시켜야 한다. 그림 1.4에 나타낸 에너지 다이어그램에서 촉매가 어느 한 쪽 방향 반응에 필요한 에너지 양을 낮춘다면 반대쪽 방향 반응에 필요한 에너지 양도 마찬가지로 낮추어야 한다.

2. 분자 촉매작용

2.1 기체상 반응

기체상 촉매 반응의 한 예로서 요오드(I_2) 촉매에 의한 디에틸 에테르diethyl

ether의 분해반응을 들 수 있다:

$$(C_2H_5)_2O \text{ (반응물질 A)} \rightarrow C_2H_6 + CH_4 + CO$$

촉매 반응의 경우, 반응 속도와 활성화 에너지는

$$(-r_A) = kC_AC_{I2} \text{ ; } E_A = 142\text{kJ/mol}$$

촉매를 사용하지 않는 반응의 경우, 반응 속도와 활성화 에너지는

$$(-r_A) = kC_A \text{ ; } E_A = 222\text{kJ/mol}$$

기체상 촉매 반응의 또 다른 예로서 염소Cl 원자들에 의한 성층권에서의 오존 O_3 파괴를 들 수 있다. 대기권 상층부의 자외선에 의해서 산소 분자의 해리가 일어나며 그로 인하여 다음과 같이 오존 농도가 유지된다:

$$O_2 + h\nu \rightarrow 2O^\bullet$$

$$O^\bullet + O_2 + M \rightarrow O_3 + M$$

위와 같이 생성된 오존은 자외선의 또 다른 띠를 흡수하여 다음과 같은 반응에 의해서 천천히 파괴된다:

$$O^\bullet + O_3 \rightarrow 2O_2$$

한편, 염소를 함유하는 유기 화합물들이 대류권에서 미처 파괴되지 않을 경우 성층권에서 다음과 같이 광분해된다:

$$RCl + h\nu \rightarrow Cl^\bullet + R$$

위와 같이 생성된 염소 원자들은 다음과 같은 두 단계 주기에 의해서 오존을 파괴하는 반응의 촉매로서 작용한다:

$$Cl^\bullet + O_3 \rightarrow OCl + O_2$$

$$OCl + O_3 \rightarrow Cl^\bullet + 2O_2$$

결과적으로 염소 원자들에 의한 성층권 오존 파괴의 총괄 반응은

$$2O_3 \rightarrow 3O_2$$

형태가 된다. 이러한 반응 주기를 통해서 $Cl^\bullet$는 재생되므로 각각의 Cl 원자는 연쇄 반응의 형태로 많은 수의 오존 분자들을 파괴시킬 수 있다.

2.2 산-염기 촉매작용acid-base catalysis

수용액aqueous solution 속에서 많은 반응들의 속도는 수소 이온H^+ 또는 H_3O^+ 농도 또는 하이드록실 이온OH^- 농도에 의해서 결정되는데 이러한 반응들은 산-염기 촉매작용에 해당된다. 이러한 반응 형태의 중요한 예로서 에스테르화 반응과 그 역반응인 에스테르의 가수분해hydrolysis 반응을 들 수 있다. 만일 산acid의 Bronsted 개념으로서 양성자 제공자proton donor를 사용하고 염기base의 Bronsted 개념으로서 양성자 수령자proton acceptor를 사용하면 산-염기 촉매작용은 물 이외의 용매들(예를 들어 NH_3, CH_3COOH, 그리고 SO_2)로까지 확대시켜 고려할 수 있다. 산은 염기에게 양성자를 제공하면서 자신의 짝 염기conjugate base가 되고 염기는 산으로부터 양성자를 수령하여 자신의 짝 산conjugate acid이 된다:

$$\text{acid} + \text{base} = \text{conjugate base} + \text{conjugate acid}$$

하나의 양성자를 가진 산monoprotic acid HA와 염기 B 사이에서의 양성자 전달은 다음과 같이 표시할 수 있고

$$HA + B = A^- + BH^+ \qquad (1\text{-}1)$$

두 개의 양성자를 가진 산diprotic acid H_2A와 염기 B에 대해서는

$$H_2A + B = HA^- + BH^+$$

$$HA^- + B = A^{2-} + BH^+ \qquad (1\text{-}2)$$

와 같이 표시할 수 있다. 이와 관련하여 양성의amphoteric 용매인 물은 다음과 같이 NH_3에 대해서 산으로 작용하기도 하고

$$H_2O + NH_3 = OH^- + NH_4^+$$

다음과 같이 CH_3COOH 에 대해서 염기로 작용하기도 한다.

$$CH_3COOH + H_2O = CH_3COO^- + H_3O^+$$

2.3 그 이외의 액체상 반응들

수용액 속에서의 산-염기 촉매작용 뿐 만 아니라 액체상에서 일어나는 다른 반응들도 균일상 촉매작용에 해당된다. 한 예로서 수용액 속에서 요오드 이온I^-의

촉매작용에 의한 과산화수소H_2O_2의 분해반응을 들 수 있다. 총괄 반응은 다음과 같이 표시되고

$$2H_2O_2\ (\text{반응물질 A}) \rightarrow 2H_2O + O_2$$

반응 속도 상수 kA를 사용하여 나타낸 반응속도식은 다음과 같다.

$$(-r_A) = k_A C_A C_{I^-}\ ;\ E_A = 59\text{kJ/mol}$$

설명 가능한 반응 기구로서는

$$H_2O_2 + I^- \rightarrow H_2O + IO^-\ ;\ \text{반응 속도 상수 } k_1 \qquad \text{(slow)}$$

$$IO^- + H_2O_2 \rightarrow H_2O + O_2 + I^-\ ;\ \text{반응 속도 상수 } k_2 \qquad \text{(fast)}$$

여기서 I^-는 첫 번째 단계에서 hypoiodite 이온을 생성하기 위해서 사용되고 두 번째 단계를 통해서 재생된다. 만일 첫 번째 단계가 율속이면 위의 반응속도식에서 $k_A = k_1$이 된다. 촉매를 사용하지 않는 반응일 경우 E_A = 75kJ/mol로서 촉매 반응일 경우에 비해서 반응 속도가 느리다. 이 반응은 다른 형태의 촉매를 사용하여 일으킬 수도 있는데, catalase 효소를 사용할 경우 E_A = 50kJ/mol이고 콜로이드 상태의 백금 촉매를 사용할 경우 활성화 에너지가 더욱 낮아져서 E_A = 25kJ/mol이 된다. 수용액 속에서 일어나는 균일상 촉매작용의 또 다른 예는 cyanide 이온 CN^-의 촉매작용에 의한 benzaldehyde의 이량화반응dimerization이다.

$$2C_6H_5CHO\ (\text{반응물질 A}) \rightarrow C_6H_5CH(OH)COC_6H_5$$

$$(-r_A) = k_A C_A^2 C_{CN^-}$$

2.4 유기금속 촉매작용organometallic catalysis

균일상 촉매작용과 연관된 많은 화학 공정들에서는 유기금속 촉매들이 사용된다. 그림 1.1에 나타낸 것처럼 이 촉매들은 다양한 리건드들이 (그리고 반응 도중에는 반응 중간체들이) 결합된 중심 금속 원자로 구성되어 있다. 이 촉매들은 식별이 가능하고 동일한 분자 촉매들이라는 장점을 가지고 있으며 특정한 리건드들을 사용하여 촉매 활성점들의 구조를 바꿈으로써 촉매 활성과 선택도를 변화시킬 수 있다. 이러한 특징 때문에 유기금속 촉매들은 고분자 촉매작용과 생물학 및 의학과 관련된 생성물질들(의약품 및 식품)의 분야에서 광범위하게 응용되고 있

다. 유기금속 촉매들과 관련된 반응속도식은 다음과 같은 반응 기구에 의해서 설명될 수 있다:

$$L \cdot M \rightleftarrows L + M \text{; 평형 상수 } K \tag{1}$$

$$M + A \rightarrow M \cdot A \text{; 반응 속도 상수 } k_2 \tag{2}$$

$$M \cdot A \rightarrow M + B \text{; 반응 속도 상수 } k_3 \tag{3}$$

여기서 L은 촉매작용 주기의 초기 단계에서 촉매가 반응물질 A와 반응할 수 있게끔 금속 활성점 M이 잠깐 동안 비어있게 만들 수 있는 이동가능한 리건드이다. 촉매작용의 주기는 M · A 복합체가 생성물질들로 변형되는 것에 의해서 완성된다. 위의 반응 기구에서 단계 (1)의 평형은 대부분의 경우 반응식의 왼편으로 치우쳐 있는데 그 이유는 리건드들에 의해서 금속 중심들이 응집되지 못하도록 하기 때문이다. 그러므로 금속 활성점 M의 농도는 매우 낮으며 촉매의 총괄 농도는 $C_{Mt} = C_{M \cdot A} + C_{M \cdot L}$로 표시된다. 이러한 반응 기구에서 얻어지는 반응속도식은 다음과 같다.

$$(-r_A) = k_2 k_3 K C_A C_{Mt} / (k_3 C_L + k_2 K C_A) \tag{1-3}$$

이러한 속도식은 촉매작용의 공통적 특징인 포화 속도식의 형태에 해당된다. 반응 속도는 촉매의 양에 비례하며, 만일 반응 단계 (2)가 느리면 (즉, k_2가 작고 위의 속도식의 분모에서 첫째 항이 매우 크면) 반응속도식은 다음과 같이 바뀐다.

$$(-r_A) = (k_2 K C_{Mt} / C_L) C_A \tag{1-4}$$

이러한 경우 반응 속도는 A 농도에 대해서 1차 반응이며 촉매의 대부분은 M · L의 형태로 존재한다. 또한 반응 속도는 리건드 농도에 의해서 저감된다.

만일 k_3가 작아서 반응 단계 (3)이 느리면 반응속도식은 아래처럼 간단한 형태로 바뀐다.

$$(-r_A) = k_3 C_{Mt} \tag{1-5}$$

이러한 경우 반응 속도는 A 농도에 대해서 0차 반응이며 촉매의 대부분은 M · A의 형태로 존재한다. 즉, 반응속도식은 반응물질 농도 C_A가 낮은 범위에서는 1차 반응이며 C_A가 증가함에 따라서 0차 반응으로 바뀐다. 이와 같은 포화 속도식의 특징은 표면 촉매작용과 효소 촉매작용을 포함하는 많은 촉매 반응들에 대해서 공통적이다.

3. 표면 촉매작용 : 원래의intrinsic 반응속도식

표면 촉매작용은 대부분의 공업적 촉매 반응들에서 일어나는데, 반응속도 법칙들은 다음과 같은 가정들에 근거하고 있다:

(1) 촉매 표면에는 고정된 수의 활성점들이 존재한다.

(2) 모든 활성점들은 촉매반응을 일으키는 능력 면에서 동일하다.

(3) 이 활성점들의 반응성은 온도에 의해서만 영향을 받는다.
즉, 촉매반응이 일어나는 동안 촉매 표면에 존재하는 다른 물질들의 성질이나 양은 활성점들의 반응성에 영향을 미치지 않는다.

위와 같은 가정들은 표면 촉매반응과 그 모델들models을 가장 단순하고도 합리적으로 설명하는 데 사용되는 기초basis이다. Langmuir와 Hinshelwood는 이와 같은 가정들에 근거하여 예를 들어 A(g) + · · · → product(s) 와 같은 총괄적인 기체상 반응에 있어서 율속rate-determining 단계가 A · s와 같은 흡착 종adsorbed species을 포함하는 표면 반응이라는 추가적인 가정을 만들었다. 실제로는 더 복잡하지만 이와 같은 가정으로부터 얻어지는 반응 속도의 표현들은 표면 촉매반응에서 흔히 관찰되어지는 특징들을 나타내기 때문에 화학 산업에서 광범위하게 사용되고 있다.

3.1 표면 반응 단계surface-reaction steps

표면 촉매작용에 있어서 중요한 것은 하나의, 혹은 하나 이상의, 표면에 흡착된 중간체intermediate species를 포함하는 반응 단계들이다. 여기서는 세 가지 유형들을 고려하기로 한다:

(1) 단분자 표면 반응, 예를 들어,

$$A \cdot s \rightarrow B \cdot s \tag{1-6}$$

여기서 A · s 혹은 B · s는 각각 A 혹은 B와 활성점 s를 포함하는 표면 흡착 종surface-bound species이다. 이 반응의 속도($-r_A$)는 반응 속도 상수 k를 사용하여 다음과 같이 나타낼 수 있는데,

$$(-r_A) = k\theta_A \quad (1\text{-}7)$$

여기서 θ_A는 A 흡착 종, 즉, A · s에 의해 덮여있는 촉매 표면의 분율fraction 이다.

(2) 이분자 표면 반응, 예를 들어,

$$A \cdot s + B \cdot s \rightarrow C \cdot s + s \quad (1\text{-}8)$$

이 반응의 속도는 반응 속도 상수 k를 사용하여 다음과 같이 나타낼 수 있는데,

$$(-r_A) = k\theta_A\theta_B \quad (1\text{-}9)$$

여기서 θ_B는 B 흡착 종, 즉, B · s에 의해 덮여있는 촉매 표면의 분율이다.

반응속도는 촉매 질량 기준 (예를 들어 mol/kg · h), 또는 촉매 표면적 기준 (예를 들어 mol/m^2 · s), 또는 turnover frequency (molecules/site · s)로 나타낼 수 있다.

물론 turnover frequency를 사용하려면 활성점들의 수를 측정하여야 한다.

(3) Eley-Rideal 반응, 즉, 기체상의 종gas-phase species이 흡착된 중간체adsorbed intermediate와 직접 반응하는 경우로서 다음과 같이 나타낼 수 있다.

$$A \cdot s + B \rightarrow C + s \quad (1\text{-}10)$$

이 반응의 속도는 반응 속도 상수 k를 사용하여 다음과 같이 나타낼 수 있는데,

$$(-r_A) = k\theta_A C_B \quad (1\text{-}11)$$

여기서 C_B는 B의 기체상 농도이다.

3.2 반응이 없는 흡착 : Langmuir 흡착 등온식

위에서 소개된 촉매반응들의 속도를 기체상의 종들의 농도로 나타내기 위해서는 촉매 표면 덮힘율surface coverage, θ에 대한 표현이 필요하다. Langmuir-Hinshelwood(LH) 반응속도식은 이러한 덮힘율들이 표면 반응들이 없는 상태에서 존재하는 평형 덮힘율들equilibrium coverages에 해당된다고 가정하고 유도되었다. 촉매 표면 덮힘율들에 대한 표현은 Langmuir(1916)가 각각의 종의 흡착과 탈착의 속도를 고려하여 아래와 같이 나타내었다.

3.2.1 비해리undissociated 상태의 단일 종 흡착

흡착되었을 경우 해리되지 않은 상태로 존재하는 단일 종 A의 가역적 흡착을 다음과 같이 나타내고 흡착 속도 상수와 탈착 속도 상수를 각각 k_{aA}, k_{dA}라고 하면 (이들 상수는 온도의 함수이다),

$$A + s \rightleftarrows A \cdot s \tag{1-12}$$

A의 흡착 속도 r_{aA}는 A 분자들이 촉매 표면에 충돌하는 속도에 비례하고, 이 속도는 기체 본체 속의 A 농도 C_A와 덮히지 않은 활성점들unoccupied sites의 분율 $(1 - \theta_A)$에 비례한다:

$$r_{aA} = k_{aA}C_A(1 - \theta_A) \tag{1-13}$$

(여기서 r_{aA}와 C_A의 단위가 각각 $mol/m^2 \cdot s$, mol/m^3일 경우 k_{aA}의 단위는 m/s 이다.) 이미 덮여있는 활성점에 충돌하는 기체 종 분자는 흡착되지 않고 반사되거나 또는 활성점을 덮고있는 분자와 치환된다.

A의 탈착 속도 r_{dA}는 덮여있는 활성점들의 분율 θ_A에 비례한다:

$$r_{dA} = k_{dA}\theta_A \tag{1-14}$$

(r_{dA}의 단위가 $mol/m^2 \cdot s$일 경우 θ_A는 무차원이므로 k_{dA}의 단위는 $mol/m^2 \cdot s$ 이다.)

흡착 평형에 도달했을 경우 $r_{aA} = r_{dA}$이므로,

$$k_{dA}C_A(1 - \theta_A) = k_{dA}\theta_A \tag{1-15}$$

그리고 흡착된 기체의 양에 비례하여 덮여있는 촉매 표면의 분율 θ_A는 다음과 같이 나타낼 수 있다.

$$\theta_A = k_{aA}C_A/(k_{dA} + k_{aA}C_A) = (k_{aA}/k_{dA})C_A/[1 + (k_{aA}/k_{dA})C_A] = K_AC_A/(1 + K_AC_A) \tag{1-16}$$

여기서 $K_A = k_{aA}/k_{dA}$는 흡착 속도 상수와 탈착 속도 상수 간의 비ratio, 즉, A의 흡착 평형 상수에 해당되며 단위는 m^3/mol이다. 방정식 (1-16)과 같이 촉매 표면에 흡착된 A의 (평형) 양을 일정한 온도 T에서 A의 기체상 농도 C_A의 함수로 나타내는 방정식을 Langmuir 흡착 등온식이라고 부른다. 그림 1.5에는 Langmuir 흡착 등온식의 전형적인 형태를 나타내었다. 흡착된 A의 양은 (주어진 온도 조건에서) A의 기체상 농도가 증가함에 따라서 증가하지만 충분히 큰 기체상 농도 범위에서

는 한계치(포화상태)에 접근한다.

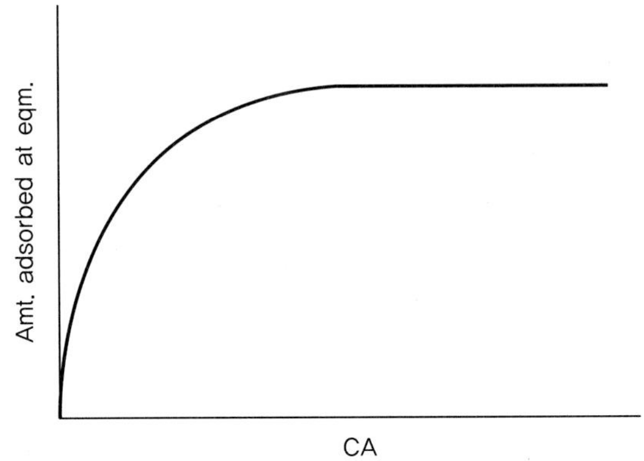

그림 1.5_ Langmuir 흡착 등온식

3.2.2 해리dissociated 상태의 단일 종 흡착

촉매 표면에 흡착되는 분자가 흡착 과정에서 둘 또는 그 이상의 부분들로 해리되고 각 부분이 하나의 촉매 활성점을 필요로 할 경우 촉매 표면 덮힘율은 방정식 (1-16)에 나타낸 것과는 다르게 표현된다. 예를 들어 다음과 같이 두 개의 원자들로 이루어진 분자 B_2가 해리되어 흡착되는 경우를 고려해보자:

$$B_2 + 2s \rightarrow 2B \cdot s \qquad (1\text{-}17)$$

여기서 흡착 속도는 아래와 같이 나타낼 수 있고,

$$r_{aB2} = k_{aB2}C_{B2}(1 - \theta_B)^2 \qquad (1\text{-}18)$$

덮히지 않은 활성점들의 분율 $(1 - \theta_B)$의 제곱 항은 두 개의 덮히지 않은 활성점들이 인접하여 존재할 통계적 확률을 반영하여 나타내고 있다. 탈착 속도는

$$r_{dB2} = k_{dB2}\theta_B^2 \qquad (1\text{-}19)$$

와 같이 나타낼 수 있으므로, 흡착 속도와 탈착 속도가 같아지는 흡착 평형 조건으로부터 얻어지는 표면 덮힘율 θ_B는 다음과 같다.

$$\theta_B = (K_{B2}C_{B2})^{1/2}/[1 + (K_{B2}C_{B2})^{1/2}] \qquad (1\text{-}20)$$

여기서 $K_{B2} = k_{aB2}/k_{dB2}$는 B의 해리 흡착 평형 상수에 해당된다. 만일 해리 흡착 과정에서 분자가 n개의 부분들로 나뉘어져 n개의 활성점들에 흡착될 경우 위의 방정식 (1-20)의 지수 (1/2) 는 (1/n)으로 바뀌게 된다.

흡착된 분자들이 더 이상 반응하지 않을 뿐 만 아니라 이들의 탈착이 낮은 온도에서 아주 천천히 일어나는 조건하에서 반응성이 있는 분자들의 흡착량을 측정함으로써 촉매 표면에 있는 활성점들의 수를 셀 수 있다. 여기서 고려되는 흡착의 형태는 그 성격상 화학적이므로, 즉, 기체 종 분자들과 촉매 표면에 있는 활성점들 간에 화학 결합들이 생성되므로 화학흡착chemisorption으로 알려져 있다. 액체 분자들을 서로 응집시키는 힘과 같은 물리적인 힘에 의해서 보다 약한 형태의 흡착도 일어날 수 있는데, 이러한 형태의 흡착은 활성점에서만 일어날 수 있는 것이 아니라 촉매 표면의 모든 지점에서 일어날 수 있으므로 세공성 물질들의 표면적을 측정하는데 사용된다.

3.2.3 서로 다른 기체 종들의 경쟁적인competing 흡착

두 개의 서로 다른 흡착된 기체 종들 A와 B 간의 반응이 촉매 표면에서 일어나는 경우 이 종들이 표면 활성점들에 경쟁적으로 동시에 흡착되는 것을 고려하여야 한다. 종 A의 흡착 속도는 다음과 같이 나타낼 수 있는데

$$r_{aA} = k_{aA}C_A(1 - \theta_A - \theta_B) \quad (1\text{-}21)$$

여기서 필요한 한 가지 가정은 B 분자에 의해 덮여져 있는 활성점에 기체 본체bulk gas로부터 A 분자가 충돌할 경우 A 분자는 흡착된 B 분자를 치환하지 않고 촉매 표면에서 반사된다는 것이다. 종 A의 탈착 속도는 방정식 (1-14)에서와 같이

$$r_{dA} = k_{dA}\theta_A \quad (1\text{-}22)$$

흡착 평형에 도달하면 $r_{aA} = r_{dA}$이므로

$$k_{aA}C_A(1 - \theta_A - \theta_B) = k_{dA}\theta_A \quad (1\text{-}23)$$

이 되고 A의 흡착 평형 상수, $K_A = k_{aA}/k_{dA}$를 사용하여 나타내면

$$K_A C_A(1 - \theta_A - \theta_B) = \theta_A \quad (1\text{-}24)$$

가 된다. 마찬가지로 종 B에 대해서도 흡착 평형에 도달하면

$$K_B C_B(1 - \theta_A - \theta_B) = \theta_B \quad (1\text{-}25)$$

여기서 $K_B = k_{aB}/k_{dB}$는 B의 흡착 평형 상수이다.

방정식 (1-24)와 (1-25)로부터 종 A와 B에 의한 표면 덮힘율 θ_A와 θ_B를 아래와

같이 나타낼 수 있다.

$$\theta_A = K_AC_A/(1 + K_AC_A + K_BC_B) \quad (1\text{-}26)$$

$$\theta_B = K_BC_B/(1 + K_AC_A + K_BC_B) \quad (1\text{-}27)$$

θ_A와 θ_B의 형태를 살펴보면 θ_A에 대한 방정식의 분모에 K_BC_B 항이 보태어져 있고 θ_B에 대한 방정식의 분모에 K_AC_A 항이 보태어져 있으므로 각각의 흡착된 종은 다른 종의 흡착을 방해하고 있다는 것을 의미한다.

방정식 (1-26) 또는 (1-27) 보다 더 일반적인 형태에서는 경쟁적으로 흡착하는 각각의 종 i에 대해서 K_iC_i 항이 분모에 보태어지게 된다. 뿐만 아니라 만일 어떤 종 i가 n_i개의 부분으로 해리되어 흡착된다면 방정식 (1-20)에서와 같이 해당되는 항은 $(K_iC_i)^{1/n_i}$가 된다. 따라서 여러 종들이 섞여 있는 기체 혼합물에 있어서 어떤 종 i의 Langmuir 흡착에 대한 가장 일반적인 표현은 다음과 같다.

$$\theta_i = (K_iC_i)^{1/n_i}/[1 + \Sigma_j(K_jC_j)^{1/n_j}] \;;\; i, j = 1, 2, \cdot\cdot\cdot, N \quad (1\text{-}28)$$

3.3 Langmuir-Hinshelwood (LH) 반응속도식

촉매 표면에서의 반응 속도 법칙들과 표면 덮힘율에 대한 Langmuir 방정식들을 결합하면 촉매 표면 반응에 대한 Langmuir-Hinshelwood (LH) 속도 법칙들을 얻을 수 있다.

기체상의 반응물질 A와 기체상의 생성물질 B에 대해서 A(*g*) → B(*g*)로 표시되는 총괄 반응의 반응 속도 기구(scheme)는 다음과 같다.

A(*g*) → A(표면 부근) ; 물질 전달(속도가 빠름) (1)

A(표면 부근) + s(활성점) ⇄ A · s ; 흡착-탈착(속도가 빠름) (2)

A · s → B(표면 부근) + s(활성점) ; 표면 반응(속도가 느림, 율속 단계) (3)

B(표면 부근) → B(*g*) ; 물질 전달(속도가 빠름) (4)

여기서 A(*g*)와 B(*g*)는 각각 기체 본체에서의 농도가 C_A와 C_B인 반응물질과 생성물질이며 A · s는 표면 반응 중간체를 나타낸다. 위의 반응 속도 기구에 있어서 B는 흡착되지 않는다고 가정한다. 또한 단계 (3)을 율속 단계로 가정하면 단계 (1)과 (4)는 상대적으로 빠르게 진행되고 단계 (2)는 흡착-탈착 평형에 해당된다.

3.3.1 단분자 표면 반응 (유형 *I*)

A → B 와 같이 표시되는 총괄 반응에 있어서 율속 단계가 방정식 (1-6)과 같이 표시되는 단분자 표면 반응이라면 반응속도식은 방정식 (1-7)에서 방정식 (1-26)과 같이 표시되는 θ_A를 사용하여 다음과 같이 나타낼 수 있다.

$$(-r_A) = kK_AC_A/(1 + K_AC_A + K_BC_B) \tag{1-29}$$

여기서 k는 위의 반응 속도 기구에서 단계 (3)의 반응 속도 상수에 해당된다.

방정식 (1-29)와 같이 표시되는 반응속도식으로부터 다음과 같이 촉매반응 속도 법칙의 두 가지 보편적인 특징을 찾아볼 수 있다:

(1) 반응속도식의 포화saturation kinetics : 종 A의 농도가 낮은 범위 (즉 $K_AC_A \ll (1 + K_BC_B)$인 A의 농도 범위)에서 반응 속도는 C_A에 대해서 1차first order지만 종 A의 농도가 높은 범위 (즉 $K_AC_A \gg (1 + K_BC_B)$인 A의 농도 범위)에서는 반응 속도가 C_A에 대해서 0차zero order가 된다. 극단적으로, 종 A의 농도가 아주 높을 경우 촉매 표면의 모든 활성점들이 흡착된 A로 포화되며 (즉, $\theta_A = 1$), 반응 속도는 활성점의 수와 표면 반응의 반응 속도 상수 k의 곱으로 결정된다.

(2) 생성물질에 의한 반응 속도 저감product inhibition : 만일 K_BC_B항이 $(1 + K_AC_A)$에 비해서 무시할 수 없을 정도의 크기이면 반응 속도는 생성물질의 존재 때문에 저감된다. 극단적으로, $K_BC_B \gg (1 + K_AC_A)$인 경우 방정식 (1-29)는

$$(-r_A) = k'C_AC_B^{-1} \tag{1-30}$$

가 되고 여기서 $k' = kK_AK_B^{-1}$에 해당된다. 생성물질 B에 의해서 반응 속도가 저감되는 것은 반응의 가역성reversibility과는 상관이 없다. 왜냐하면 총괄 반응 A → B 는 비가역 반응으로 가정하였기 때문이다.

3.3.2 이분자 표면 반응 (유형 *II*)

총괄 반응 A + B → C에 있어서 만일 율속 단계가 방정식 (1-8)과 같이 표시되는 이분자 표면 반응일 경우 반응 속도는 방정식 (1-28)을 θ_A와 θ_B에 적용시켜 방정식 (1-9)에서 사용함으로써 다음과 같이 나타낼 수 있다.

$$(-r_A) = kK_AK_BC_AC_B/(1 + K_AC_A + K_BC_B + K_CC_C)^2 \tag{1-31}$$

이 때 반응물질 A와 B, 그리고 생성물질 C는 모두 다 촉매 표면에 흡착될 수 있는 것으로 가정한다. 방정식 (1-31)으로 표시되는 반응 속도 법칙은 표면 촉매 반응에서 광범위하게 관찰되는 다음과 같은 또 다른 특징을 지니고 있다:

(3) 반응물질에 의한 반응 속도 저감inhibition by one of the reactants : $K_AC_A \ll (1 + K_BC_B + K_CC_C)$인 경우 유형 I 의 경우와 유사하게 반응 속도는 C_A에 대해서 1차 반응이지만, $K_AC_A \gg (1 + K_BC_B + K_CC_C)$인 경우에는 유형 *I*의 경우와는 달리 반응 속도는 포화상태plateau에 도달하지 않고 반응물질 A에 의해서 저감된다. 즉 $K_AC_A \gg (1 + K_BC_B + K_CC_C)$인 경우 방정식 (1-31)은 다음과 같이 표시되고

$$(-r_A) = k'C_BC_A^{-1} \tag{1-32}$$

여기서 $k' = kK_BK_A^{-1}$에 해당된다. C_A가 중간 크기 값intermediate value에 가까울수록 반응 속도가 커지는데 $\theta_A = \theta_B = 1/2$일 경우 반응 속도가 최대값이 된다. 일산화탄소CO의 수소첨가반응에 있어서의 많은 경우, 예를 들어 메탄올 합성 반응에서처럼 반응 속도는 CO 농도에 대해서 실제적으로 음negative의 반응 차수를 나타내고 수소 농도에 대해서 실제적으로 양positive의 반응 차수를 나타낸다. 이러한 현상은 금속 촉매 표면에서 CO가 H_2보다 더 강하게 흡착되는 사실(즉, $K_{CO} > K_{H2}$)을 반영하고 있다.

방정식 (1-31)에서 또한 유의해야 할 점은 $K_CC_C \gg (1 + K_AC_A + K_BC_B)$인 경우 반응속도식은 생성물질 C에 대해서 실제적으로 (-2)의 반응 차수를 나타내므로 유형 *II*의 반응속도식에서 생성물질에 의한 반응 속도의 저감이 보다 더 큰 영향을 미칠 수 있다는 것이다.

예제 1-1

A(*g*) + B(*g*) → C 로 표시되는 촉매 표면 반응에 있어서 다음의 각 경우에 대한 반응속도식의 형태를 결정하여라.

(a) A와 B는 약하게 흡착되고 C는 흡착되지 않는 경우

(b) A는 약하게 흡착되고 B는 A보다 강하게 흡착되고 C는 흡착되지 않는 경우

[풀이]

(a) 방정식 (1-31)에서 $K_A C_A \ll 1$, 또한 $K_B C_B \ll 1$ 이므로

$$(-r_A) = k' C_A C_B \tag{1-33}$$

(여기서 $k' = kK_A K_B$), 따라서 반응 속도는 A와 B에 대해서 각각 1차 반응, 총괄적으로는 2차 반응의 형태이다.

(b) 방정식 (1-31)에서 $K_A C_A \ll 1$ 이므로

$$(-r_A) = kC_A C_B/(1 + K_B C_B)^2 \tag{1-34}$$

따라서 반응 속도는 A에 대해서 1차 반응이지만 B에 대해서는 반응 차수를 따지기 어렵다. 예를 들어 기체 본체에서의 B 농도 C_B가 증가할수록 B가 촉매 표면의 활성점들을 많이 덮으므로 결과적으로 반응 속도를 저감시킨다. 이러한 경우 $K_B C_B \gg 1$에 해당되는 C_B의 범위에서 방정식 (1-34)는 다음과 같이 나타낼 수 있다.

$$(-r_A) = k' C_A C_B^{-1} \tag{1-34a}$$

여기서 $k' = kK_B^{-2}$에 해당된다.

예제 1-2

기체 본체에서의 종 i의 농도 C_i대신 분압 p_i를 사용하여 방정식 (1-29)를 표시하고 각각의 해당되는 반응 속도 상수와 흡착 평형 상수의 단위를 결정하여라.

[풀이]

방정식 (1-29)에서 C_A와 C_B를 각각 p_A와 p_B로 치환하고 K_A와 K_B를 각각 K_{Ap}와 K_{Bp}로 치환하면

$$(-r_A) = kK_{Ap}p_A/(1 + K_{Ap}p_A + K_{Bp}p_B) \tag{1-29a}$$

가 얻어진다. 여기서 $K_{ip} = k_{api}/k_{di}$로서 기체상의 분압으로 나타낸 흡착 속도 상수와 탈착 속도 상수 간의 비에 해당된다. 반응 속도 $(-r_A)$가 $mol/m^2 \cdot s$ 로 표시되고 분압 p_i가 kPa로 표시될 경우 k_{api}의 단위는 $mol/m^2 \cdot s \cdot kPa$이고 K_{ip}의 단위는 kPa^{-1}이며 k_{di}의 단위는 종전과 동일하다.

3.4 Langmuir-Hinshelwood 반응속도식 이외의 경우

방정식 (1-29)와 (1-31)로 각각 표시되는 두 가지의 반응속도식들, 즉, 유형 *I* 과 *II*에 해당되는 각각의 반응은 촉매 표면 반응에 대한 실험 자료를 정리하는데 광범위하게 사용된다. 그러나 다음과 같은 촉매 표면 반응 기구들은 LH 반응속도식으로는 설명할 수 없는 특징들을 가지고 있다.

3.4.1 다중multiple 표면 반응 단계

기본적인 LH 반응 기구는 하나의 표면 반응 만을 포함하는 반면, 많은 촉매 표면 반응들, 예를 들어 메탄올 합성 반응의 경우에는 여러 개의 연속적인 표면 반응 단계들을 포함한다. 이러한 경우 촉매 표면의 활성점들이 중간체들, 흡착된 반응물질들, 그리고 흡착된 생성물질들에 의하여 함께 공유되므로 표면 덮힘율들은 기체상의 종들 만이 흡착되는 경우와 크게 다르다. 기체상의 반응 중간체들을 포함하는 반응 기구에서와 동일한 해석 방법을 사용하여 정상 상태steady state 표면 덮힘율들과 반응속도식들을 방정식의 형태로 구할 수 있는 경우도 있지만 복잡한 반응 기구들의 경우에는 이러한 해석 방법의 사용이 불가능하다. (어쨌든 다중 표면 반응 단계의 경우에서는 LH 반응속도식의 표준 형태를 변경시켜야 한다.) 예를 들어 다음과 같이 중간체 종 I를 포함하는 연속적인 반응 기구는 비가역 단분자 반응 단계 I · s → P · s 가 율속이면 0차 반응속도식의 형태를 따르게 된다:

$$A + B + 2s \rightleftarrows A \cdot s + B \cdot s \rightleftarrows I \cdot s \rightarrow P \cdot s \rightleftarrows P + s$$

위의 경우 촉매 표면은 종 I로 거의 채워지게 되고 (즉, $\theta_i \cong 1$), 남아있는 활성점들에 대해서 종 A, B, 그리고 P 사이의 경쟁은 중요하지 않게 된다.

3.4.2 비가역적 흡착

LH 반응 기구에서는 모든 기체상 종들의 흡착이 평형을 이룬다고 가정하지만 어떤 반응 기구들에서는 비가역적 흡착 단계 만이 고려된다. 이러한 경우 흡착 중간체들은 균일 반응 기구homogeneous mechanism에 있어서의 반응성 중간체들 reactive intermediates과 같은 방법으로 취급되는데, 한 예로서 다음과 같이 두 단계

로 구성되는 Mars-van Krevelen 산화반응 기구를 들 수 있다:

$$O_2 + 2s \rightarrow 2O \cdot s$$

$$O \cdot s + CO \rightarrow CO_2 + s$$

3.4.3 Eley-Rideal 반응 기구

기체상의 종과 흡착된 중간체 사이의 직접적인 반응을 포함하는 Eley-Rideal 반응 기구에서는 촉매 표면 활성점들에 대한 반응물질들 간의 경쟁이 일어나지 않는다. 총괄 반응 A + B → C 에 대해서 어느 한 가지 반응물질, 예를 들어 반응물질 B는 활성점에 흡착되지 않아도 되므로 방정식 (1-11)과 (1-26)으로부터 반응 속도는 다음과 같이 표시된다.

$$(-r_A) = kK_AC_AC_B/(1 + K_AC_A + K_CC_C) \quad (1\text{-}35)$$

이러한 경우 LH 반응 기구와는 달리 이분자 반응 임에도 불구하고 반응물질에 의한 반응 속도의 저감이 일어나지 않는다.

3.4.4 활성점들의 특징이 서로 다른 경우

서로 다른 성질들을 가진 활성점들은 다음과 같은 개념들을 사용하여 해석할 수 있다:

(1) 서로 다른 유형을 가진 활성점들이 분포한다: 서로 독립적으로 작용하는 촉매들의 집합과 동등한 개념에 해당한다.

(2) 서로 다른 흡착종들의 존재 하에서 활성점들의 성질이 변화한다: 이 경우 흡착 중간체들의 양이 흡착 또는 표면 반응의 속도 상수들에 영향을 미친다. 즉, $k_a = f(\theta_A, \theta_B, \cdot\cdot\cdot)$로 나타낼 수 있다. 잘 알려진 한 예로서는 여러 금속 표면에서 CO에 의한 표면 덮힘율 θ_{CO}가 증가할수록 CO의 흡착열이 감소하는 것이다.

표면반응공학

| 익힘문제 |

1. 희박한 수용액 속에서 수소 이온의 촉매작용에 의한 에틸 아세테이트의 가수분해 반응은 주어진 pH 조건에서 에틸 아세테이트 농도에 대해서 1차 반응이다:

$$CH_3COOC_2H_5\ (\text{반응물질 A}) + H_2O \xrightarrow{k_A} CH_3COOH + C_2H_5OH$$

한편, 겉보기 1차 반응 속도 상수, $k = k_A(C_{H^+})^{\alpha}$는 아래와 같이 pH의 영향을 받는다:

pH	3	2	1
$10^4 k/s$	1.1	11	110

수소 이온 H^+에 대한 반응 차수와 반응 속도 상수 k_A의 값을 구하라. 또한 k_A의 단위를 결정하라.

2. (a) HCl과 같이 강한 산을 촉매로 사용하는 메탄올(M)과 초산(A)의 에스테르화 반응의 반응 기구는 다음과 같은 반응 단계들을 포함한다:

$$M + H^+ \rightarrow CH_3OH_2^+(C)\ ;\ \text{빠름} \tag{1}$$

$$A + C \rightarrow CH_3COOCH_3(E) + H_3O^+\ ;\ \text{느림, 반응 속도 상수 } k \tag{2}$$

$$M + H_3O^+ \rightleftarrows C + H_2O(W)\ ;\ \text{빠름, 평형 상수 } K \tag{3}$$

M이 크게 과잉으로 존재할 때 이 반응 기구의 반응속도식이 아래와 같음을 증명하라.

$$r_E = 2kLC_AC_{HCl}/(L + C_W) \tag{4}$$

단, 여기서

$$L = C_MK = C_CC_W/C_{H_3O^+} \tag{5}$$

모든 H^+는 C와 H_3O^+ 형태로 존재한다고 가정한다.

(b) 반응 온도를 0 ~ 50℃로 변화시켰을 때 다음과 같은 L 값들을 실험으로부터 구하였다.

T/℃	0	20	30	40	50
L	0.11	0.20	0.25	0.32	0.42

L이 Arrhenius relationship을 따르는지 보여라.

3. 다음과 같은 불균일상 촉매 반응들에 대해서 LH 반응 기구에 근거한 반응속도식 형태를 제시하라.

(a) Cu-ZnO-Cr_2O_3 촉매를 사용하는 메탄올 합성 반응에서 율속 단계가 흡착 중간체들 사이의 삼중분자 반응termolecular reaction이다:

$$CO \cdot s + 2H \cdot s \rightarrow \cdot \cdot \cdot \rightarrow CH_3OH \cdot s + s \rightleftarrows CH_3OH + 2s$$

(i) 생성물질(메탄올)이 강하게 흡착되어 반응 속도를 저감시킬 경우,

(ii) 생성물질의 흡착이 아주 약할 경우

(b) 960 ~ 1200℃의 온도와 3.33 ~ 40.0 *k*Pa의 압력 조건에서 백금Pt 촉매에 의한 아세트알데히드CH_3CHO의 분해가 이분자 반응이며 생성물질에 의한 반응속도의 저감이 없다.

(c) 백금 촉매를 사용하여 N_2O와 수소를 서로 반응시키는 과정에서 N_2O는 약하게 흡착되고 수소는 아주 강하게 해리 흡착된다.

4. [A(*g*) + B(*g*) → P(*g*)] 로 표시되는 기체상 반응이 촉매 표면에서 일어날 때 A는 강하게 흡착되고 B는 약하게 흡착된다면 LH 반응 기구에 근거하여 이 반응의 반응속도식 형태를 제시하라.

5. 위의 4번 문제에서 생성물질 P가 흡착될 수 있다고 전제하고 다음의 각 경우에 대해서 LH 반응 기구에 근거한 반응속도식의 형태를 제시하라.

(a) A, B, 그리고 P의 흡착이 모두 비슷하게 중간 세기일 경우,

(b) A와 B는 약하게 흡착되고 P는 강하게 흡착될 경우

6. 다음과 같은 단계들로 구성되는 메탄올 합성 반응의 LH 반응 기구를 고려해보자:

$$CO \cdot s + H \cdot s \rightarrow HCO \cdot s + s \quad (1)$$

$$HCO \cdot s + H \cdot s \rightarrow H_2CO \cdot s + s \quad (2)$$

$$H_2CO \cdot s + H \cdot s \rightarrow H_3CO \cdot s + s \quad (3)$$

$$H_3CO \cdot s + H \cdot s \rightarrow H_3COH \cdot s + s \quad (4)$$

H, CO, 그리고 메탄올에 의한 촉매 표면 덮힘율들은 Langmuir 흡착 등온식의 형태를 따르고, CO, H_2, 그리고 메탄올의 흡착은 동일한 유형의 표면 활성점들에 대해서 경쟁적으로 일어나며, 촉매 표면에 존재하는 $H_xCO \cdot s$ 중간체들의 양은 아주 작아서 무시할 수 있다.

(a) 단계 (1)이 율속인 경우의 반응속도식을 구하라.

(b) 단계 (1)과 (2)는 평형 상태에 있고 단계 (3)이 율속인 경우의 반응속도식을 구하라.

(c) 실험 자료가 $r_{CH3OH} = kp_{CO}^{-0.5}p_{H2}^{1.3}$의 형태로 정리되었다면 위의 반응 기구에서 어느 단계가 율속인가?

7. 몰리브덴 촉매를 사용하여 PH_3(반응물질 A) 분해반응의 반응 속도를 측정한 결과가 다음과 같다:

PH_3 압력, p_A (kPa)	반응속도식
$\rightarrow 0$	$(-r_A) = kp_A$
8×10^{-3}	$(-r_A) = kp_A/(a + bp_A)$
2.6×10^{-2}	$(-r_A) = \text{constant}$

위의 결과를 LH 반응 기구에 근거하여 설명하라.

8. 백금 촉매를 사용하여 N_2O를 분해시키는 반응 과정에서 반응물질 N_2O는 약하게 흡착되고 생성물질 O_2는 N_2O 보다 더 강하게 흡착된다면 LH 반응 기구에 근거하여 이 반응의 반응속도식 형태를 제시하라.

9. 백금 촉매를 사용하여 NH_3를 분해시키는 반응에서 반응물질 NH_3는 약하게 흡착되고 생성물질 H_2는 강하게 흡착된다면 LH 반응 기구에 근거하여 이 반응의 반응속도식 형태를 제시하라. 단, 생성물질 N_2는 반응 속도에 영향을 미치지 않는다고 가정한다.

10. 폐수에 포함된 유기 물질들을 흡착에 의해서 제거하기 위한 수단으로서 활성탄이 많이 연구되고 있다. 아래와 같은 활성탄에 대한 벤젠(A)의 흡착 실험 자료를 사용하여 Langmuir 흡착 등온식의 흡착 계수 m_{max}와 b를 계산하라.

단, 실험 자료는 $m_{Aa} = m_{max}bC_A/(1 + bC_A)$ 형태의 흡착 등온식을 따른다고 가정한다.

C_A, mg/cm^3	0.055	0.10	0.14	0.26	0.32	0.60
m_{Aa}, mg/(g carbon)	12.2	13.4	14.4	15.4	16.9	17.7

여기서 m_{Aa}는 활성탄에 흡착된 벤젠의 양을 의미한다.

chapter 2 불균일상 촉매작용 : 세공성 촉매 입자에서의 반응 속도

chapter 2

불균일상 촉매작용 : 세공성 촉매 입자에서의 반응 속도

1. 일반적 고찰

기체상 반응에 사용되는 고체 촉매는 여러 가지 방법에 의해서 여러 가지 모양과 크기로 성형된 입자 또는 펠릿 형태이다. 이러한 입자들은 보통 세공성이어서 반응물질들이 접근할 수 있는 내부 표면적은 겉보기 외부 표면적에 비해서 훨씬 더 크다. 촉매 입자의 세공성 성질 때문에 입자 내부로의 심각한 농도 및 온도 구배gradient가 생길 수 있는데, 물질 확산diffusion과 열 전달heat transfer에 대한 저항과 관련된 이러한 현상을 그림 2.1에서 반경 R의 구형spherical 또는 원통형cylindrical 단면을 가진 입자에 대해서 도식적으로 나타내었다.

그림 2.1의 왼쪽에 표시된 구배는 A(g) + · · · → 생성물질(들) 에 있어서 반응물질 A의 농도 C_A의 구배를 나타내며 오른쪽에 표시된 구배는 온도 T의 구배를 나타낸다; 각각의 구배는 입자의 중심선 축에 대해서 대칭이다.

먼저 C_A의 구배를 생각해 보자. 반응물질 A가 촉매 입자 내부에서 반응으로 인하여 소모되므로 A가 기체 본체(C_{Ag})로부터 입자 내부로 이동하는 자연스런 경향이 있다:

(1) 물질 전달mass transfer에 의해서 기체 본체로부터 가상적인 기체 경막gas

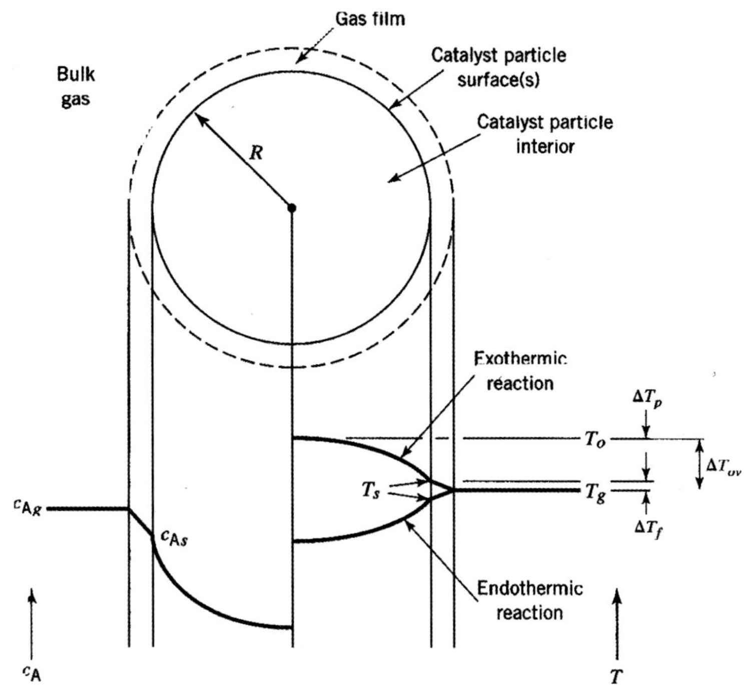

그림 2.1_ 세공성 촉매 입자 내부의 반응물질 농도(C_A)와 온도(T) 구배

film을 거쳐서 입자 외부 표면(C_{As})으로 이동한 후,

(2) 확산에 의해서 입자 외부 표면으로부터 입자의 세공 구조 속으로 이동.

만일 촉매 입자 내부에서의 반응이 비가역적이면 입자에 들어오는 모든 A는 입자 내부에서 반응으로 인하여 소모되며 반응으로부터 생성된 생성물질(들)이 촉매 입자 내부로부터 입자 외부 표면으로 반대확산counterdiffusion 된다. 문제를 간단하게 다루기 위하여 입자의 세공 구조 속에서 반응물질과 생성물질의 등몰equimolar 반대확산을 가정한다. 어떤 지점에서의 C_A는 그 지점에서의 반응물질의 기체상 농도를 의미하며 표면 농도surface concentration를 가리키지는 않는다.

다음으로는 온도의 구배를 생각한다. 발열 반응의 경우에는 촉매 입자의 중심이 입자 외부 표면에 비해서 더 뜨거우며, 흡열 반응의 경우 그 반대가 된다. 따라서 그림 2.1에는 두 가지 종류의 온도 구배가 표시되어 있다. 촉매 입자 내부에서의 열 전달은 주로 전도 현상conduction에 의한 것이고, 입자 외부 표면(T_s)과 기체 본체(T_g) 사이의 열 전달은 열 경계 층thermal boundary layer을 통한 대류-전도의 통합 현상에 의한 것이다. 그림 2.1에서는 편의상 물질 전달이 일어나는 기체 경막과 열 경계 층이 일치하는 것으로 나타내었다.

제 1 장에서 설명한 LH 모델에 따른 표면 반응의 반응속도식은 촉매 입자 내부의 어느 지점에서 반응물질 농도 C_A와 온도 T의 조건에서 반응이 일어나는 경우에 해당된다. 촉매 입자 전체의 반응속도식을 얻기 위해서는 입자 내부와 입자-기체 본체 사이의 물질 확산과 열 효과들을 반영한 C_A와 T의 변화를 고려해야 한다.

2. 입자 밀도와 공극율 (세공율)

입자 밀도 ρ_p는 다음과 같이 정의되는데,

$$\rho_p = m_p/\nu_p \tag{2-1}$$

여기서 m_p와 ν_p는 입자의 질량과 체적을 각각 나타낸다. 입자의 공극율voidage ε_p는 입자 내부의 세공 부피 ν_v와 입자의 부피 ν_p사이의 비ratio에 해당된다.

$$\varepsilon_p = \nu_v/\nu_p \tag{2-2}$$

공극율 때문에 입자 밀도 ρ_p는 고체 촉매 물질의 원래intrinsic 밀도 $\rho_s = m_p/\nu_s$보다 작다. 여기서 ν_s는 입자 내부의 고체 체적을 의미하며 $\nu_p = \nu_v + \nu_s$이므로,

$$\rho_p = \rho_s (1 - \varepsilon_p) \tag{2-3}$$

3. 확산의 형태 : 유효 확산계수

확산이란 공간 내부에서 어느 한 종species이 다른 종에 대해서 상대적으로 이동하는 것을 의미하는데, 그 원인은 그 종의 화학 포텐셜chemical potential의 변화 때문이며 이 때의 이동 방향은 포텐셜이 감소하는 방향이다. 화학 포텐셜의 변화는 물질의 농도 또는 온도의 변화로부터 발생하는데 이 장에서 우리는 농도의 영

향 만을 고려하기로 한다. 촉매 입자 내부에서 분자 수준의 관점에서 볼 때 물질의 확산은 분자 확산, Knudsen 확산, 그리고 고체 표면 확산의 세 가지 양상에 의해서 일어난다. 분자 확산이 촉매 입자의 세공 내에서 이동하는 분자들끼리 충돌의 결과인 반면, Knudsen 확산은 이동하는 분자들과 세공 벽wall 사이의 충돌의 결과이다. 분자 확산이 높은 압력 조건에서 비교적 큰 세공에서 지배적으로 일어나는 반면, Knudsen 확산은 낮은 압력 조건에서 비교적 작은 세공에서 지배적으로 일어난다. 고체 표면 확산은 흡착 종의 표면 농도의 구배 때문에 흡착 종이 세공의 표면을 따라서 이동하는 것이다. 이러한 여러 가지 양상의 확산의 상대적 중요성을 평가하는데 필요한 세공 구조와 다른 인자들에 대한 충분한 정보가 없기 때문에 우리는 대부분의 경우 Fick's law에 의해서 확산 속도를 현상학적으로 표시한다. Fick's law에 의하면, 좌표축 x방향으로 종 A의 정상 상태 확산이 일어날 경우 입자 내부에서 A의 몰molar flux N_A는 다음과 같이 나타낼 수 있다:

$$N_A = -D_e(\mathrm{d}C_A/\mathrm{d}x) \tag{2-4}$$

여기서 D_e는 물질 A의 유효 확산계수에 해당된다. 확산 속도의 크기는 흔히 몰 flux의 크기로 비교되는데 확산이 일어나는 매개 물체의 단면적을 기준으로 하여 $\mathrm{mol/m^2 \cdot s}$의 단위로 나타낼 수 있다.

정확한 실험 자료가 없을 경우 유효 확산계수 D_e는 A와 B로 이루어진 이성분계에서 A의 확산에 대한 분자 확산계수 D_{AB}, Knudsen 확산계수 D_K, 입자 공극율 ε_p, 그리고 세공 구조의 굴곡도와 관련된 입자의 tortuosity τ_p로부터 추산할 수 있다. D_{AB}의 추산은 Reid 등이 제시한 다음과 같은 관계식을 사용한다:

$$D_{AB} = 0.00188T^{3/2}[(M_A + M_B)/M_AM_B]^{1/2}/ P\Omega_D(d_{AB})^2 \tag{2-4a}$$

여기서 D_{AB}는 $\mathrm{cm^2/s}$, T는 K, M_A와 M_B는 각각 g/mol로 나타낸 A와 B의 몰 질량molar mass, P는 kPa로 나타낸 압력, d_{AB}는 nm로 나타낸 충돌 직경, 그리고 Ω_D는 충돌 적분값collision integral을 의미한다. D_K의 추산은 Satterfield가 제시한 다음과 같은 관계식을 사용한다:

$$D_K = 9700r_e\,(T/M)^{1/2} \tag{2-4b}$$

여기서 D_K는 $\mathrm{cm^2/s}$, r_e는 cm로 나타낸 평균 세공 직경, 그리고 M은 몰 질량이다. 방정식 (2-4b)는 똑바른 원통형 세공 구조에 잘 들어맞으며 다른 형태의 세공 구조에도 근사적으로 적용될 수 있다. 총괄 확산계수 D^*는 직렬로 연결된 저항들에 대한 관계식을 사용하여 D_{AB}와 D_K로부터 다음과 같이 나타낼 수 있다:

$$1/D^* = 1/D_{AB} + 1/D_K \tag{2-4c}$$

유효 확산계수는 D^*로부터 구할 수 있으나 세공성 촉매 입자에 대한 다음과 같은 두 가지 특징들을 고려하여야 한다:

(1) 물질의 확산은 촉매 입자의 공극에 해당되는 세공 부분에서만 일어난다.

(2) 입자 내부의 확산 경로는 무작위적random이며 굴곡이 있다tortuous.

이러한 특징들은 입자의 공극율 또는 세공율 ε_p와 세공의 굴곡도 τ_p에 의해서 각각 반영되어진다. 세공율은 실험에 의하여 직접 측정하여야 하지만 상업적 촉매의 경우 제조자가 그 값을 제공하는 경우가 많다. 세공의 굴곡도는 똑바른 원통형 세공의 경우 1이지만 대부분의 촉매들에 있어서 3 내지 7의 값을 가진다. 유효확산계수를 추산하는 최종적인 관계식은 총괄 확산계수, 세공율, 그리고 세공의 굴곡도로부터 다음과 같이 나타낼 수 있다:

$$D_e = D^*\varepsilon_p/\tau_p \tag{2-4d}$$

4. 촉매 입자의 유효성 인자effectiveness factor η

4.1 유효성 인자의 정의

그림 2.1에서 나타낸 것처럼 C_A와 T가 촉매 입자 내부에서 각 지점 마다 변하기 때문에 반응 속도도 그것에 따라서 변하게 된다. 즉, 입자 내부에서 촉매의 유효성이 변하며 이러한 사실이 반응속도식에 반영되어야 한다. 이러한 용도 때문에 우리는 촉매 입자의 유효성 인자 η를 도입하는데, 이 값은 촉매 입자 전체로부터 관찰되는 반응 속도와 입자 외부 표면 조건인 C_{As}와 T_s에서의 반응 속도 사이의 비에 해당된다. 즉, 반응물질 A에 대한 유효성 인자는 다음과 같이 나타낼 수 있다:

$$\eta = r_A(observed)/r_A(C_{As}, T_s) \tag{2-5}$$

우리는 C_A와 T의 영향을 각각 별도로 분리하여 고려하고자 하는데, C_A의 영향을 먼저 다루기로 한다. 또한 촉매 입자의 유효성 인자를 계산하는 과정에서는 일단 기체 본체(C_{Ag})와 입자 외부 표면(C_{As}) 사이의 농도 차이의 영향을 무시하고, 나중에 이 영향을 다시 고려하여 기체 본체(C_{Ag})에 기준을 둔 총괄 유효성 인자를 도입한다. 유효성 인자가 반응과 촉매 입자의 특징에 의해 어떤 영향을 받는가를 조사하기 위해서 먼저 비교적 간단한 flat-plate 형상의 촉매 입자와 간단한 반응속도식의 경우를 고려하기로 한다.

4.2 Flat-plate 형상의 촉매 입자에 대한 유효성 인자

다음과 같은 가정들에 근거하여 확산 경로의 길이가 L이고 반응물질 A가 한쪽 면으로만 확산되는 flat-plate 형상의 세공성 촉매 입자에 대해서 관계식 (2-5)에 의해 정의되는 유효성 인자 η를 구하기로 한다:

(1) 촉매 입자 내부에서 [$A(g) \rightarrow$ 생성물질(들)] 로 표시되는 반응이 일어난다.

(2) 촉매 표면에서의 반응 속도는 1차 반응이다.

(3) 반응은 비가역적이다.

(4) 촉매 입자는 등온 상태이다.

(5) 반응 혼합물 기체의 밀도는 일정하다.

(6) 총괄 과정은 정상 상태이다.

(7) 촉매 입자 내부에서 반응물질 A의 유효 확산계수 D_e는 일정하다.

(8) 촉매 입자 내부에서 반응물질과 생성물질의 등몰 반대확산이 일어난다.

촉매 입자의 형상을 그림 2.2(a)에 나타내었는데, 반응물질 A는 입자의 왼쪽편에 있는 투과성permeable 면을 통해서 입자 내부로 확산된다.

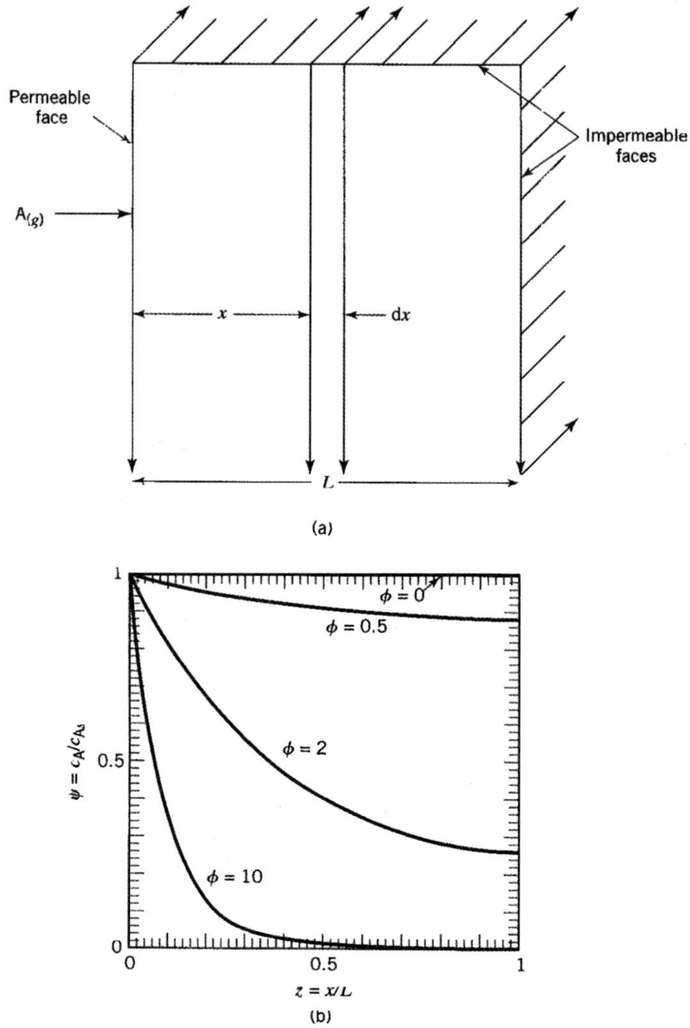

그림 2.2_ (a) flat-plate 형상의 촉매 입자; (b) 여러 가지 Thiele modulus 값들에 대한 반응물질 A의 (무차원) 농도 이력 $\psi(\phi,\ z)$ (Levenspiel, 1999)

먼저 촉매 입자의 세공을 통과하는 반응물질 A의 정상 상태 확산에 대한 continuity 방정식을 유도하여야 하는데, 이 방정식은 그림 2.2(a)에 나타낸 폭 dx의 얇은 조각으로 이루어진 control volume에 대한 반응물질 A의 물질 수지 material balance에 근거하고 있다. 그 다음에는 미분 방정식을 풀어서 그림 2.2(b)에 나타낸 것과 같이 입자 내부에서의 농도 이력concentration profile을 구하고, 최종적으로 이 결과를 사용하여 유효성 인자 η를 촉매 입자의 기하학적 형상, 반응, 그리고 확산의 특징들로부터 구하여야 한다. 반응물질 A에 대한 확산 또는 물질 수지 방정식은 아래와 같이 서술할 수 있다:

(확산에 의한 유입 속도) = (확산에 의한 유출 속도) + (control volume 내부에서의 소모 속도)

즉, 방정식 (2-4)를 control volume의 양쪽 면에 적용시키면 어떤 표면 반응속도식 $(-r_A)$에 대해서 다음과 같은 미분 방정식을 얻을 수 있다:

$$-D_eA_c(dC_A/dx) = -D_eA_c[(dC_A/dx) + d(dC_A/dx)/dx \cdot dx] + (-r_A)A_cdx \quad (2\text{-}6)$$

여기서 A_c는 반응물질 A의 확산 방향에 대해서 수직인 단면적을 의미하는데 flat-plate 형상의 촉매 입자에서는 A_c가 일정하므로 미분 방정식으로부터 소거된다. $(-r_A)$에 대한 반응속도식의 형태에 관계없이 $(-r_A)$의 단위는 (mol A)/(입자의 체적)·(시간)이 된다.

$(-r_A) = k_AC_A$ 형태의 1차 비가역 반응속도식을 미분 방정식 (2-6)에 도입하면,

$$d^2C_A/dx^2 - k_AC_A/D_e = 0 \quad (2\text{-}7)$$

미분 방정식 (2-7)을 무차원 형태로 만들기 위해서 다음과 같이 무차원 농도와 무차원 길이를 각각 정의한다:

$$\psi = C_A/C_{As} \quad (2\text{-}8)$$

$$z = x/L \quad (2\text{-}9)$$

무차원 변수들을 사용하여 방정식 (2-7)을 무차원 형태로 바꾸면,

$$d^2\psi/dz^2 - (k_AL^2/D_e)\psi = 0 \quad (2\text{-}10)$$

방정식 (2-10)에서 ψ의 계수는 Thiele modulus ϕ라고 불리는 무차원 군dimensionless group에 의해 정의된다:

$$\phi = L(k_A/D_e)^{1/2} \quad (\text{반응 차수 } n = 1) \quad (2\text{-}11)$$

따라서 Thiele modulus를 사용하여 방정식 (2-10)을 다시 나타내면,

$$d^2\psi/dz^2 - \phi^2\psi = 0 \quad (2\text{-}12)$$

Thiele modulus의 중요성은 그 크기가 원래의 반응 속도(반응 속도 상수 k_A에 의한)와 확산 속도(유효 확산계수 D_e에 의한) 사이의 비의 척도measure가 되기 때문이다. 그러므로 주어진 값의 k_A에 대해서 큰 값의 ϕ는 상대적으로 작은 값의

D_e, 즉, 상대적으로 큰 확산 저항에 해당된다. (이 경우를 "강한 세공-확산" 저항이라고 부른다.) 역으로, 작은 값의 ϕ는 상대적으로 작은 확산 저항에 해당되는데, 이 경우를 "약한 세공-확산" 저항이라고 부른다. 방정식 (2-12)의 해solution는 ψ의 농도 이력을 z의 함수 형태로, 즉, $\psi(z)$의 형태로 나타내는데, 방정식 (2-12)를 두 번 적분하면

$$\psi = C_1 e^{\phi z} + C_2 e^{-\phi z} \tag{2-12a}$$

가 얻어지고, 여기서 C_1과 C_2는 다음과 같은 두 가지 경계 조건들로부터 얻어지는 적분 상수들이다.

$$z = 0 \text{ 에서 } \psi = 1 \tag{2-12b}$$

$$z = 1 \text{ 에서 } (d\psi/dz) = 0 \tag{2-12c}$$

두 번째 경계 조건은 분명하게 알려져 있지 않지만, 반응물질 A가 $z = 1$에 위치한 비투과성impermeable 면을 침투할 수 없다는 가정과 일치한다. 방정식 (2-12a), (2-12b), 그리고 (2-12c)로부터 적분 상수들을 구하면 다음과 같다:

$$C_1 = e^{-\phi}/(e^{\phi} + e^{-\phi}) \tag{2-12d}$$

$$C_2 = e^{\phi}/(e^{\phi} + e^{-\phi}) \tag{2-12e}$$

이 적분 상수들을 방정식 (2-12a)에 대입하면,

$$\psi = [e^{-\phi(1-z)} + e^{\phi(1-z)}]/(e^{\phi} + e^{-\phi}) = \cosh[\phi(1 - z)]/\cosh\phi \tag{2-13}$$

여기서 $\cosh\phi = (e^{\phi} + e^{-\phi})/2$이다.

그림 2.2(b)에서는 Thiele modulus ϕ를 매개변수로 하여 무차원 농도 $\psi = C_A/C_{As}$를 촉매 입자 내부로의 무차원 거리 z의 함수 형태로 나타내었다. 세공율이 매우 높은 입자를 특징짓는 $\phi = 0$의 경우, 반응물질 A의 농도는 촉매 입자 내부에서 어디서나 동일하다. 세공율이 비교적 높아서 거의 약한 세공-확산 저항을 가진 입자를 특징짓는 $\phi = 0.5$의 경우, 반응물질 농도 C_A는 $z \to 1$에 접근하더라도 아주 조금 감소한다. 극단적으로, 비교적 강한 세공-확산 저항을 특징짓는 $\phi = 10$ 의 경우, z가 증가함에 따라서 C_A가 급격하게 감소하여 반응이 대부분 입자의 외부에서 일어나고 입자의 내부는 상대적으로 비효과적임을 나타내 보이고 있다.

방정식 (2-5)에서 정의된 유효성 인자는 촉매 입자 내부 표면의 유효성의 척도로서 입자 전체를 통해서 관찰된 반응 속도를 입자 외부 표면에서의 조건에서 원

래의 반응 속도와 비교한다; 원래의 반응 속도는 확산 저항이 없어서 입자 내부 표면의 모든 부분들이 $C_A = C_{As}$ 조건으로 동등하게 유효하다고 가정했을 경우의 반응 속도이다. 비가역 반응의 경우 촉매 입자 내부로 유입된 반응물질 A가 모두 반응하므로 입자 전체를 통해서 관찰된 반응 속도는 $z = 0$ 위치의 투과성 면을 통과하는 반응물질 A의 확산 속도와 동일하다. 따라서 유효성 인자 η는 다음과 같이 계산할 수 있다:

η = (확산 저항이 있는 반응 속도)/(확산 저항이 없는 반응 속도)

= [관찰된 반응 속도 $(-r_A)_{obs}$]/[원래의 반응 속도 $(-r_A)_{int}$]

= ($z = 0$ 에서 A의 확산 속도)/(C_{As} 조건에서 입자 전체의 반응 속도)

$= (N_A \text{ at } z = 0)A_c/(-R_A)_{int} = -[D_eA_c(dC_A/dx)_{x=0}]/(LA_ck_AC_{As})$

$= -(1/\phi^2)(d\psi/dz)_{z=0} = -(1/\phi^2)\{-\phi\sinh[\phi(1 - z)]/\cosh\phi\}_{z=0}$

즉, flat-plate 형상의 촉매 입자에 있어서 유효성 인자는 다음과 같으며,

$$\eta = (\tanh\phi)/\phi \tag{2-14}$$

여기서 $\tanh\phi = \sinh\phi/\cosh\phi = (e^{\phi} - e^{-\phi})/(e^{\phi} + e^{-\phi})$ 이다.

주목할 만한 사실은 $\phi \to 0$가 됨에 따라서 $\eta \to 1$이 되고, ϕ가 커지면 $\eta \to 1/\phi$가 되는 것이다. (전자의 결과를 얻기 위해서는 L'Hopital의 법칙을 적용해야하고, 후자는 ϕ가 커지면 $\tanh\phi \to 1$ 로부터 직접 얻어진다.) 이러한 결과들을 그림 2.3에 나타내었는데, 이 그림은 logarithmic scale의 좌표축 상에서 방정식 (2-14)를 사용하여 유효성 인자 η를 Thiele modulus ϕ의 함수로 플롯plot한 것이다.

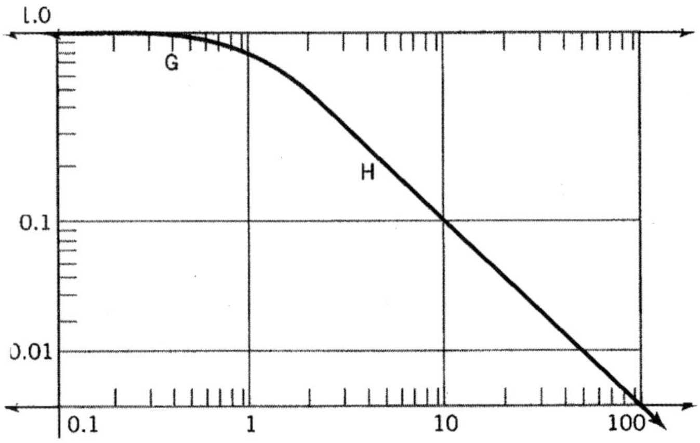

그림 2.3_ 등온의 촉매 입자에 있어서 Thiele modulus의 함수로 나타낸 유효성 인자 (Levenspiel, 1999; Missen 등, 1999)

위와 같은 ϕ에 대한 η의 두 가지 한계값들과 그 사이의 전이 영역은 다음과 같이 G와 H로 각각 표시된 ϕ상의 두 지점들에 의해 구분되는 세 가지 영역들로 나누어 생각할 수 있다:

(1) 약한 세공-확산 저항 (G 지점까지):

$$\phi < 0.5 \; ; \eta \rightarrow 1 \tag{2-14a}$$

(2) 보통의 세공-확산 저항 (G와 H 사이의 영역):

$$0.5 < \phi < 5 \; ; \eta = (\tanh\phi)/\phi \tag{2-14b}$$

(3) 강한 세공-확산 저항 (H 지점 너머):

$$\phi > 5 \; ; \eta \rightarrow 1/\phi \tag{2-14c}$$

그림 2.3은 등온의 촉매 입자에 있어서 정상적인 반응속도식의 경우 유효성 인자는 $0 < \eta \leq 1$의 범위에 있다는 것을 나타내고 있다. 방정식 (2-14)에 의해 나타낸 결과를 방정식 (2-5)에 의해 주어진 유효성 인자의 정의에 대입하면 flat-plate 형상의 등온 촉매 입자에 대해서 1차 반응속도식을 다음과 같이 수정할 수 있다:

$$(-r_A)_{obs} = \eta k_A C_{As} = (\tanh\phi/\phi) k_A C_{As} \tag{2-15}$$

여기서 Thiele modulus ϕ는 방정식 (2-11)에 의해서 주어진다. 방정식 (2-15)

는 관찰된 반응 속도 $(-r_A)_{obs}$를 유효성 인자와 촉매 입자 외부 표면에서의 반응물질 농도 C_{As}로 나타낸 것에 해당된다. 만일 관찰된 반응 속도를 반응물질 A의 관찰가능한 농도 C_{Ag}를 사용하여 나타내려면 기체 본체로부터 촉매 입자 외부 표면으로의 물질 전달 저항을 추가적으로 고려하여야 한다. (이것은 2.6절에서 총괄 유효성 인자 η_o와 함께 다룰 예정이다.)

4.3 유효성 인자에 대한 촉매의 기하학적 형상의 영향

Flat-plate 형상의 촉매 입자에 대해서 적용된 위와 같은 절차는 그림 2.1에 나타낸 것과 같은 구형 또는 원통형 입자에 있어서 반응물질 농도 이력과 유효성 인자에 대한 해석적인 해답을 얻는데 적용될 수 있다. 구형 촉매 입자의 경우와는 달리 원통형 입자에 대한 해답은 Bessel 함수들을 포함하는 급수 해series solution를 필요로 하므로 매우 복잡해서 자세한 전개 과정을 생략하기로 한다. 표 2.1에는 4.2절에서 언급된 가정 하에 반응물질 A의 무차원 농도 ψ와 유효성 인자 η를 각각의 촉매 입자 형상에 적합한 Thiele modulus의 함수로 나타낸 결과들을 요약하여 정리하였다. (양쪽 면이 모두 투과성인 flat-plate 형상의 촉매 입자의 경우도 표 2.1에 함께 수록하였다.) Thiele modulus를 다음과 같이 공통적인 확산 경로의 길이를 나타내는 매개변수 L_e에 의하여 정규화normalize하면 구형 및 원통형 입자들에 대한 결과가 그림 2.3에 나타낸 것과 근사적으로 일치하며, ϕ가 매우 커지는 극한적인 경우에는 flat-plate 형상 입자의 결과와 동일해진다.

$$L_e = (\text{입자의 부피})/(\text{투과성 입자의 외부 표면적}) \tag{2-16}$$

L_e에 의하여 정규화된 Thiele modulus ϕ'는 1차 비가역 반응의 경우 다음과 같다:

$$\phi' = L_e(k_A/D_e)^{1/2} \tag{2-17}$$

1차 비가역 반응에 있어서 여러 형상의 촉매 입자들에 대하여 Thiele modulus를 정규화한 결과를 표 2.2에 나타내었는데, 하첨자 FP1과 FP2는 각각 한쪽 면과 양쪽 면이 투과성인 flat-plate를 의미하며 하첨자 s와 c는 각각 구sphere와 원통cylinder을 의미한다. 표 2.2에 있어서 주목할 만한 결과는 그림 2.3에서 ϕ를 ϕ'로 치환시키면 모든 형상의 촉매 입자들에 대해서 유효성 인자가 그림 2.3에 나타낸 것과 같은 하나의 선 위에 근사적으로 놓이게 된다는 것이다. 큰 값의 ϕ'에 대해서는 유효성 인자가 촉매 입자의 형상에 관계없이 $1/\phi'$의 동일한 형태로 수렴하게 된다. G와 H 지점들 사이의 전이 영역에서는 촉매 입자의 형상에 따라서 유효성 인자가 약간씩의 차이(최대 약 17%)를 보이게 된다.

〈표 2.1〉 여러 가지 촉매 입자 형상들에 대한 유효성 인자 (η)

Shape	ϕ	ψ	η
Flat plate[a]	$L(k_A/D_e)^{1/2}$	$\cosh[\phi(1-z)]/\cosh\phi$	$(\tanh\phi)/\phi$
Flat plate[b]	$L(k_A/D_e)^{1/2}$	$\cosh[\phi(\frac{1}{2}-z)]/\cosh(\phi/2)$	$\tanh(\phi/2)/(\phi/2)$
Sphere[c]	$R(k_A/D_e)^{1/2}$	$\frac{R}{r}\frac{\sinh(\phi r/R)}{\sinh\phi}$	$\frac{3}{\phi}\left(\frac{1}{\tanh\phi}-\frac{1}{\phi}\right)$
Cylinder[c]	$R(k_A/D_e)^{1/2}$	(in terms of Bessel functions (BF))	$\frac{2}{\phi}$ (ratio of BF)

a 그림 2.2(a)에 나타낸 촉매 입자처럼 한쪽 면이 투과성인 경우.

b 양쪽 면이 투과성인 경우.

c R은 입자 또는 입자 단면의 반경; r은 반경 방향의 거리(입자의 중심에서 $r = 0$)

〈표 2.2〉 촉매 입자의 형상에 대해서 정규화된 Thiele modulus(ϕ')와 유효성 인자의 점근 값

Shape	L_e	ϕ'	Asymptotic value of η	
			$\phi \to \infty$	$\phi' \to \infty$
Flat plate(1)	L	ϕ_{FP1}	$1/\phi_{FP1}$	$1/\phi'$
Flat plate(2)	$L/2$	$\phi_{FP2}/2$	$2/\phi_{FP2}$	$1/\phi'$
Sphere	$R/3$	$\phi_S/3$	$3/\phi_S$	$1/\phi'$
Cylinder	$R/2$	$\phi_C/2$	$2/\phi_C$	$1/\phi'$

flat plate(1): 촉매 입자의 한쪽 면이 투과성인 경우.

flat plate(2): 촉매 입자의 양쪽 면이 투과성인 경우.

4.4 유효성 인자에 대한 반응 차수의 영향

4.2절에서 다룬 유효성 인자의 해석적 표현은 1차 비가역 반응과 flat-plate 라는 특별한 촉매 입자 형상에 대해서 얻어졌다. 다른 차수의 반응, 예를 들어 n차 비가역 반응에 대해서도 유효성 인자의 근사적인 값을 다음과 같이 구할 수 있다. n차 비가역 반응에 있어서 방정식 (2-12)에 해당되는 확산 방정식은 다음과 같으며,

$$d^2\psi/dz^2 - \phi^2\psi^n = 0 \tag{2-18}$$

여기서 Thiele modulus ϕ는 다음과 같이 나타낸다.

$$\phi = L(k_A C_{As}^{n-1}/D_e)^{1/2} \tag{2-19}$$

가 증가함에 따라서 유효성 인자의 점근 해asymptotic solution는 $[2/(n+1)]^{1/2}/\phi$가 되고 관계식 (2-14c)로 나타낸 결과는 1차 비가역 반응, 즉, $n = 1$의 특별한 경우에 해당된다. 반응 차수 n에 대해서 Thiele modulus를 정규화하면 강한 세공-확산 저항의 경우 반응 차수에 관계없이 유효성 인자들이 그림 2.3에서 기울기 (-1)의 동일한 직선 상에 놓이게 된다. 이와 같은 용도를 위해서 정규화되는 Thiele modulus는 다음과 같다.

$$\phi'' = [(n+1)/2]^{1/2}\phi' \tag{2-20}$$

$$= [(n+1)/2]^{1/2}(L_e/L)\phi \tag{2-20a}$$

$$= L_e[(n+1)k_A C_{As}^{n-1}/2D_e]^{1/2} \tag{2-20b}$$

그 결과로서 반응 차수 n에 관계없이

$$\phi''\text{가 증가하면 } \eta \rightarrow 1/\phi'' \tag{2-21}$$

반응 차수 0, 1, 그리고 2에 대한 결과들을 표 2.3에 나타내었다.

〈표 2.3〉 반응 차수 n에 대해서 정규화된 Thiele modulus ϕ''와 유효성 인자의 점근 값

n	ϕ'	ϕ''	Asymptotic value of η	
			$\phi' \rightarrow \infty$	$\phi'' \rightarrow \infty$
0	$L_e(k_A/C_{As}D_e)^{1/2}$	$\phi'/2^{1/2}$	$2^{1/2}/\phi'$	$1/\phi''$
1	$L_e(k_A/D_e)^{1/2}$	ϕ'	$1/\phi'$	$1/\phi''$
2	$L_e(k_A C_{As}/D_e)^{1/2}$	$\phi'/(2/3)^{1/2}$	$(2/3)^{1/2}/\phi'$	$1/\phi''$

4.5 Thiele modulus의 일반적 형태

표 2.2와 2.3에 요약된 유효성 인자의 점근 값들과 그림 2.3에 나타낸 유효성 인자의 거동에 대한 결론은 Thiele modulus 정의의 일반화가 필요하다는 것이다. 방정식 (2-20)에 나타낸 ϕ''는 L_e의 사용에 의해서 촉매 입자의 형상에 대해서 일반화되었으나 멱함수power-law 형태의 반응속도식에만 사용되도록 제한되고 있다. 그러나 표면 반응들은 Langmuir-Hinshelwood 반응속도식과 같이 멱함수와는 다른 형태의 반응속도식을 따를 수 있으므로 촉매 입자의 형상과 반응속도식의 형태에 관계없이 사용할 수 있는 일반화된 Thiele modulus ϕ_G를 정의할 필요가 있다. 반응물질 A와 일정한 유효 확산계수 D_e에 대하여 정의되는 ϕ_G의 형태는 다음과 같으며

$$\phi_G = L_e[(-r_A)_{int}]_{C_{As}}/[2D_e\int_0^{C_{As}}(-r_A)_{int}dC_A]^{1/2} \qquad (2\text{-}22)$$

여기서 $(-r_A)_{int}$는 반응속도식에 의한 원래의 반응 속도이고 $[(-r_A)_{int}]_{C_{As}}$는 입자 외부 표면에서의 농도 C_{As}에서 산출된 반응 속도이다. 지금까지 정의된 모든 형태의 Thiele modulus는 관계식 (2-22)에 의해서 정의된 일반적인 형태로부터 얻어질 수 있다.

4.6 확산 저항의 존재 유무를 판별하는 기준

촉매 입자 내부에서 세공-확산 저항의 존재 유무는 표면 반응에 대한 원래의 반응속도식이 알려져 있기만 하면 Thiele modulus와 유효성 인자를 산출해 봄으로써 손쉽게 결정할 수 있다. 원래의 반응속도식이 완전하게 알려져 있지 않아서 Thiele modulus를 계산할 수 없으면 다음과 같은 두 가지 방법들의 사용이 가능하다. 첫 번째 방법은 서로 다른 촉매 입자 크기에 대해서 반응 속도를 측정하여 비교하는 것에 근거한 방법으로서 반응속도식에 대한 지식을 필요로 하지 않으며, 두 번째 방법은 어느 한 가지 크기의 촉매 입자에 대한 반응 속도의 측정값과 반응 차수에 대한 지식을 필요로 한다. 아래에는 이 방법들을 차례대로 기술하였다.

4.6.1 촉매 입자 크기의 영향

다른 모든 반응 조건들이 일정하게 유지되는 가운데 반응 속도 $(-r_A)_{obs}$가 두 가지 이상의 촉매 입자 크기들, 즉, 두 가지 이상의 L_e에 대해서 측정되었을 경우 다음과 같은 두 가지 극단적인 거동들이 관찰될 수 있다:

(1) 반응 속도가 촉매 입자 크기에 무관하다. 이것은 약한 세공-확산 저항의 경우에 해당되며, 입자들의 세공율이 아주 크거나 입자들이 충분히 작아서 확산 경로의 길이가 아주 작은 경우에 발생한다. 그 어느 경우에 있어서도 $\eta \rightarrow 1$이 성립하며 촉매 반응에 있어서 $(-r_A)_{obs} = (-r_A)_{int}$가 성립한다.

(2) 반응 속도가 촉매 입자 크기에 반비례한다. 이것은 강한 세공-확산 저항의 경우에 해당되며, 일반화된 Thiele modulus ϕ_G가 커짐에 따라서 $\eta \rightarrow 1/\phi_G$이 성립한다. 다른 반응 조건들, 즉, 표면 반응의 반응속도식, 유효 확산계수 D_e, 그리고 촉매 입자 외부 표면에서의 반응물질 농도 C_{As}가 일정하게 유지되는 가운데 $\phi_G \propto L_e$이므로, 하첨자 1과 2를 사용하여 나타낸 두 가지 촉매 입자 크기들에 대하여 측정된 반응 속도들을 비교해보면 강한 세공-확산 저항의 경우 다음과 같은 관계가 성립한다:

$$(-r_A)_{obs,1}/(-r_A)_{obs,2} = \eta_1/\eta_2 = \phi_{G2}/\phi_{G1} = L_{e2}/L_{e1} \qquad (2\text{-}23)$$

4.6.2 Weisz-Prater 판단기준

세공-확산 저항의 심각도significance는 Weisz-Prater 판단기준에 의하여 평가될 수 있는데, 이 판단기준은 반응 속도의 측정값 하나와 D_e, L_e, C_{As}, 그리고 표면 반응의 반응 차수에 대한 정보 만을 필요로 한다. 예를 들어 반응물질 A의 n차 비가역 표면 반응에 있어서 반응 속도와 Thiele modulus는 각각 다음과 같다:

$$(-r_A)_{obs} = \eta k_A (C_{As})^n \qquad (2\text{-}24)$$

$$\phi'' = L_e\,[(n+1)k_A(C_{As})^{n-1}/2D_e]^{1/2} \qquad (2\text{-}20b)$$

방정식 (2-24)와 (2-20b)로부터 k_A를 소거하고 측정할 수 있는 양들을 다음과 같은 관계식의 좌변으로 함께 모으면 Weisz-Prater 판단기준에 필요한 관계식을 얻을 수 있다:

$$(n+1)(-r_A)_{obs}L_e^2/2D_eC_{As} = \eta(\phi'')^2 = \Phi \qquad (2\text{-}25)$$

여기서 Φ는 observable modulus라고 불리우며 관계식 (2-25)의 좌변에 있는 무차원 군에 의해서 계산되어진다.

약한 세공-확산 저항의 경우 ϕ''가 작고, 즉, $\phi'' < 0.5$ 이고 $\eta \to 1$이므로

$$\Phi < 0.25 \tag{2-26}$$

강한 세공-확산 저항의 경우 ϕ''가 크고, 즉, $\phi'' > 5$ 이고 $\eta \to 1/\phi''$이므로

$$\Phi > 5 \tag{2-27}$$

4.7 강한 세공-확산 저항의 경우에 있어서 겉보기 반응 차수와 활성화 에너지

이 절에서는 강한 세공-확산 저항의 영역에서 관찰되는 겉보기 반응 차수와 활성화 에너지에 대한 관계식들을 고려하기로 한다. 촉매 입자 내부에서 [A(g) → 생성물질(들)] 로 표시되는 n차 비가역 표면 반응이 일어나고 기체 본체로부터 촉매 입자 외부 표면으로의 물질 전달 저항은 무시할 수 있을 만큼 작아서 $C_{As} \approx C_{Ag}$ 인 경우를 생각해 보면 관찰되는 반응 속도는 다음과 같이 나타낼 수 있다.

$$(-r_A)_{obs} = \eta k_A(C_{Ag})^n = (1/\phi'')k_A(C_{Ag})^n$$

$$= [2D_e/(n+1)k_A(C_{Ag})^{n-1}]^{1/2}k_A(C_{Ag})^n/L_e = k_{obs}(C_{Ag})^{(n+1)/2} \tag{2-28}$$

여기서 k_{obs}는 겉보기 반응 속도 상수로서 다음과 같이 나타낸다.

$$k_{obs} = [2/(n+1)]^{1/2}(k_A D_e)^{1/2}/L_e \tag{2-29}$$

관계식 (2-28)에 의하면 n차 비가역 표면 반응은 겉보기 반응 차수가 $(n+1)/2$ 인 반응이 된다; 즉, 0차 표면 반응의 겉보기 반응 차수는 1/2 이 되고, 1차 표면 반응의 겉보기 반응 차수는 여전히 1 이며, 2차 표면 반응의 겉보기 반응 차수는 3/2 이 된다. 다음으로는 관계식 (2-29)로부터 겉보기 활성화 에너지를 구하기 위해서 겉보기 반응 속도 상수 k_{obs}를 온도 T에 대해서 미분하면,

$$d(\ln k_{obs})/dT = (1/2)[d(\ln k_A)/dT + d(\ln D_e)/dT] \tag{2-30}$$

만일 k_{obs}, k_A, 그리고 D_e가 온도에 대해서 모두 Arrhenius 형태의 거동을 따른다면 겉보기 활성화 에너지 $E_{A,,obs}$는 근사적으로 다음과 같이 나타낼 수 있는데,

$$E_{A,,obs} = (1/2)[E_A(\text{표면 반응}) + E_A(\text{확산})] \cong (1/2)E_A(\text{표면 반응}) \tag{2-31}$$

그 이유는 확산 현상의 활성화 에너지(≈ RT)는 대부분의 경우 표면 반응의 활성화 에너지(50 내지 200kJ/mol)에 비해서 매우 작기 때문이다. 결과적으로 반응이 촉매 입자 내부에서 강한 세공-확산 저항의 영향 하에서 일어날 경우 겉보기 활성화 에너지는 표면 반응의 진정한 활성화 에너지의 약 (1/2)에 해당하는 값을 가진다. 이러한 효과는 ln k_{obs} vs. $1/T$ 형태의 Arrhenius 플롯에서 나타나는 직선의 기울기slope의 변화로서 설명될 수 있는데, 상대적으로 낮은 온도 영역에서의 약한 세공-확산 저항으로 인한 반응 속도 율속에서부터 높은 온도 영역에서의 강한 세공-확산 저항으로 인한 세공-확산 율속으로 바뀌는 것에 해당된다.

5. 유효성 인자에 대한 온도의 영향

촉매 입자의 유효성 인자는 기체상 농도 C_{As}와 온도 T_s의 입자 외부 표면 조건에서 원래의 반응 속도 $(-r_A)_{int}$에 근거를 두고 있다. 즉, 방정식 (2-5)로부터

$$(-r_A)_{obs} = \eta[(-r_A)_{int}]_{C_{As},\, T_s} \tag{2-32}$$

지금까지는 촉매 입자를 등온으로 가정하였으며 입자 내부에서의 확산 특성과 농도 구배가 유효성 인자에 미치는 영향에만 관심을 집중하였다. 이제부터는 촉매 입자 내부의 열 특성과 표면 반응으로부터 발생하는 온도 구배temperature gradient와 그것이 촉매 입자의 유효성 인자에 미치는 영향을 추가적으로 고려하고자 한다. 촉매 입자에 대한 온도 구배는 그림 2.1에서 구형 및 원통형 입자 내부에서 일어나는 발열 및 흡열 반응에 대해서 도식적으로 나타내었다. 입자의 중심부와 기체 본체 사이의 총괄적인 온도 강하temperature drop ΔT_{ov}는 다음과 같이 두 부분으로 나누어 생각할 수 있는데,

$$\Delta T_{ov} = \Delta T_p + \Delta T_f \tag{2-33}$$

여기서 ΔT_p는 입자 자체에서의 온도 강하이며 ΔT_f는 기체 경막 또는 열 경계층에서의 온도 강하이다. 촉매 입자의 유효성 인자 η에 영향을 미치는 것은 ΔT_p에 해당되는 입자 자체에서의 온도 구배이고, 기체 경막에서의 온도 구배는 총괄 유효성 인자 η_o에 영향을 미친다. (총괄 유효성 인자는 2.6절에서 다루게 된다.)

방정식 (2-33)으로부터 다음과 같이 두 가지 극한적인 경우들을 생각할 수 있다:

(1) 촉매 입자 내부에서의 열 전도 속도가 율속인 경우:

$$\Delta T_f \to 0;\ T_s \to T_g \qquad \text{(2-33a)}$$

이 결과는 입자 외부 표면 온도가 T_g인 비등온nonisothermal 상태의 입자에 해당된다.

(2) 기체 경막에서의 열 전달 속도가 율속인 경우:

$$\Delta T_p \to 0;\ T\,(\text{입자 내부}) \to T_s \qquad \text{(2-33b)}$$

이 결과는 입자 내부의 온도가 T_s인 등온isothermal 상태의 입자인데, 발열 반응의 경우 기체 본체(T_g) 보다 뜨겁고 흡열 반응의 경우 기체 본체 보다 차갑다.

촉매 입자 내부에서 반응이 일어나는 동안 입자가 등온 상태를 유지하기 위해서는 반응에 의해서 생성되거나 소모되는 엔탈피가 입자 내부에서의 열 전달(대부분 전도 현상에 의한)과 균형을 이루어야 한다. 반응열이 작고 촉매 물질의 유효 열 전도도effective thermal conductivity k_e가 클 경우 이러한 균형이 쉽게 얻어질 수 있지만, 만일 이러한 균형이 이루어지지 않으면 촉매 입자 내부에서 온도 구배가 생기게 된다. 발열 반응의 경우, 입자 내부로의 거리가 증가할수록 온도가 증가하므로 입자 내부에서의 평균 반응 속도는 입자 외부 표면(T_s)에서보다 더 크다. 이러한 효과는 농도 구배 만을 고려했을 때 입자 내부에서의 평균 반응 속도가 입자 외부 표면(C_{As})에서보다 더 작은 경우와는 반대의 경우에 해당되는데, 그 결과 $\eta_{exo} > \eta_{isoth}$가 된다. 온도의 증가가 반응 속도에 미치는 영향은 exponential 함수 형태의 증가이고 농도의 감소가 반응 속도에 미치는 영향은 power-law 함수 형태의 감소이며, 전자의 효과가 후자의 효과에 비해서 훨씬 더 크므로 확산 저항이 있다고 할지라도 $\eta_{exo} > 1$의 경우가 생길 수 있다. 등온 상태의 촉매 입자에서는 농도의 영향 만이 있으므로 $\eta_{isoth} < 1$의 경우 만이 있을 뿐이다. 흡열 반응의 경우에는 온도의 영향이 농도의 영향에 추가되어 $\eta_{endo} < \eta_{isoth} < 1$가 된다.

유효성 인자에 대한 온도의 영향은 Weisz와 Hicks에 의해서 정량적으로 고찰되었는데 이 절에서는 그 결과의 일부를 소개하고자 한다. [A → 생성물질(들)]로 표시되는 1차 비가역 반응이 구형 촉매 입자 내부에서 일어날 경우 방정식 (2-7)에 대응하는 물질 수지 방정식은 입자 내부 반경 r에서의 얇은 껍질thin-shell 모양의 control volume에 대해서 다음과 같이 나타낼 수 있다:

$$d^2C_A/dr^2 + (2/r)dC_A/dr - (k_A/D_e)C_A = 0 \qquad (2\text{-}34)$$

에너지 수지 방정식도 반응열 $(-\Delta H_{RA})$를 사용하여 위와 유사하게 다음과 같이 나타낼 수 있다:

$$d^2T/dr^2 + (2/r)dT/dr + [(-\Delta H_{RA})k_A/k_e]C_A = 0 \qquad (2\text{-}35)$$

이 방정식들의 경계 조건들은

$$\text{입자 표면 } r = R\text{에서 } \quad T = T_s\,;\ C_A = C_{As} \qquad (2\text{-}36)$$

$$\text{입자 중심부 } r = 0\text{에서 } dT/dr = 0\,;\ dC_A/dr = 0 \qquad (2\text{-}37)$$

반응 속도 상수 k_A가 온도 T에 대해서 exponential 형태로 변화하므로 방정식 (2-34)와 (2-35)는 T에 대해서 비선형으로nonlinearly 결합되어 있다. 따라서 이 방정식들은 각각 독립적으로 취급될 수 없으며 $C_A(r)$과 $T(r)$에 대한 해석적인 해 analytical solution가 존재하지 않는다. 이 방정식들에 대한 수치적인 또는 근사적으로 해석적인 해를 구하면 다음과 같이 세 가지의 무차원 매개변수들로 나타낸 유효성 인자를 얻을 수 있다:

$$\eta(T) = \eta(\phi, \gamma, \beta) \qquad (2\text{-}38)$$

여기서 1차 비가역 반응의 경우 $\phi = R(k_A/D_e)^{1/2}$는 Thiele modulus이고 γ와 β는 다음과 같이 정의된다:

$$\gamma = E_A/RT_s \qquad (2\text{-}39)$$

$$\beta = \Delta T_{p,max}/T_s = D_e(-\Delta H_{RA})C_{As}/k_eT_s \qquad (2\text{-}40)$$

방정식 (2-40)에서 $\Delta T_{p,max}$는 $r = 0$의 지점에서 $C_A = 0$일 때의 ΔT_p값이다. 발열 반응의 경우 $\beta > 0$이고, 흡열 반응의 경우 $\beta < 0$이며, 등온 상태의 입자의 경우 $\Delta T_p = 0$이므로 $\beta = 0$가 된다. 방정식 (2-40)에 포함된 $\Delta T_{p,max}$는 구형 입자 내에서 반경 r의 control surface 또는 구형 입자의 핵심core에 대한 다음과 같은 에너지 수지로부터 얻을 수 있다:

control surface에서의 열 전도 속도

= 핵심 내부에서의 엔탈피 소모/생성 속도

$= \text{control surface}$에서의 반응물질 A의 확산 속도 $\times (-\Delta H_{RA})$ (2-41)

즉, 열 전도에 대한 Fourier's law와 물질 확산에 대한 Fick's law를 사용하여

$$k_e(dT/dr) = D_e(-\Delta H_{RA})(dC_A/dr) \qquad (2\text{-}42)$$

k_e, D_e, 그리고 $(-\Delta H_{RA})$가 일정하게 유지되는 조건 하에서 방정식 (2-42)를 촉매 입자의 중심($r = 0$, $T = T_O$, $C_A = C_{AO}$)에서부터 입자의 외부 표면($r = R$, $T = T_S$, $C_A = C_{AS}$)으로 적분하면 다음과 같은 결과가 얻어진다:

$$\Delta T_O = T_S - T_O = D_e(-\Delta H_{RA})(C_{AS} - C_{AO})/k_e \qquad (2\text{-}43)$$

여기서 $C_{AO} \rightarrow 0$이면 $\Delta T_p \rightarrow \Delta T_{p,max}$이므로 관계식 (2-40)에서처럼

$$\Delta T_{p,max} = D_e(-\Delta H_{RA})C_{AS}/k_e \qquad (2\text{-}44)$$

가 된다. 그림 2.4에서는 Weisz와 Hicks의 계산 결과들 가운데 $\gamma = 20$인 경우에 대해서 β를 매개변수로 하여 η를 ϕ의 함수로 나타내었다.

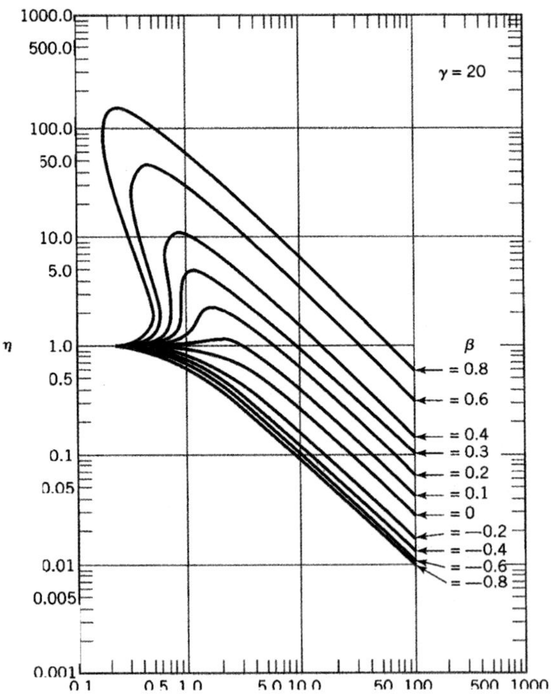

그림 2.4_ 구형 촉매 입자 내부에서 물질의 세공-확산과 열 전달이 1차 비가역 반응의 유효성 인자 $\eta(\phi, \beta)$에 미치는 영향(단, $\gamma = 20$). (Fogler, 2006)

지금까지 정성적으로 도출된 결론들이 그림 2.4에 의해서 확인되고 있는데, 즉, $\eta_{exo}(\beta > 0) > \eta_{isoth}(\beta = 0)$이며 상대적으로 큰 β값들과 충분히 작은 ϕ값에 대하여 $\eta_{exo} > 1$이며 $\eta_{endo} < \eta_{isoth} < 1$임을 나타내 보이고 있다. 높은 β값들과 낮은 ϕ값을 동시에 만족하는 영역에서는 주어진 β와 ϕ에 대하여 세 가지의 η값들이 존재하는 예사롭지 않은 현상이 발생한다; 이들 가운데 높은 값과 낮은 값은 안정된stable 정상 상태에 해당되며 중간에 위치한 값은 불안정한metastable 상태에 해당된다. 그러나 이러한 다중의multiple 유효성 인자들이 존재하는 영역은 실제로는 거의 발생하지 않는다.

6. 총괄 유효성 인자 η_o

방정식 (2-5)에 의해서 정의된 촉매 입자의 유효성 인자 η에는 입자 내부의 농도 구배와 온도 구배는 고려되고 있지만 기체 본체로부터 입자 외부 표면으로의 구배들은 고려되지 않았다. 총괄 유효성 인자 η_o는 입자 내부와 입자 외부의 구배들을 모두 고려하고 입자 외부 표면에서의 조건 (C_{As}, T_s) 보다는 기체 본체에서의 조건 (C_{Ag}, T_g)에 기준하여 다음과 같이 정의되었다:

$$\eta_o = r_A(observed)/r_A(C_{Ag}, T_g) \qquad (2\text{-}45)$$

여기서 우리는 2.4절에서처럼 등온 상태의 경우에 대하여 η_o를 다루고 η_o와 η를 서로 연관시키고자 한다. 그럴 경우 η_o는 촉매 입자 내부의 세공 확산 저항과 입자 외부의 물질 전달 저항이 모두 다 존재하는 조건 하에서의 반응 속도와 이러한 저항들이 존재하지 않는 조건 하에서의 반응 속도 사이의 비ratio로 해석될 수 있다.

먼저 η_o를 η, k_A, 그리고 k_{Ag}와 연관시키는데, k_A와 k_{Ag}는 각각 촉매 내부의 표면 반응과 촉매 외부의 물질 전달에 대한 특성을 나타내며 물질 전달은 그림 2.1에서 표시된 기체 경막을 통해서 일어난다. 1차 비가역 표면 반응에 대해서 $(-r_A)_{obs}$를 관찰된 (겉보기) 반응 속도라고 하면 η_o의 정의로부터 다음과 같이 나타낼 수 있다:

$$(-r_A)_{obs} = \eta_o k_A C_{Ag} \tag{2-46}$$

그리고 η의 정의로부터도 다음과 같이 나타낼 수 있다:

$$(-r_A)_{obs} = \eta k_A C_{As} \tag{2-47}$$

뿐 만 아니라, 정상 상태의 조건 하에서 $(-r_A)_{obs}$는 촉매 입자 외부의 기체 경막을 통한 반응물질 A의 물질 전달 속도와도 동일하다; 입자 외부의 물질 전달 과정과 입자 내부에서의 [물질 확산 + 표면 반응]의 복합 과정은 서로 직렬로 연결되어 있다. 따라서 kAg의 정의로부터도 다음과 같이 나타낼 수 있다:

$$(-r_A)_{obs} = k_{Ag}(C_{Ag} - C_{As}) \tag{2-48}$$

관계식 (2-46), (2-47), 그리고 (2-48)로부터 $(-r_A)_{obs}$와 C_{As}를 소거하면 η_o에 대한 다음과 같은 관계식을 얻을 수 있으며,

$$\eta_o = 1/[(k_A/k_{Ag}) + (1/\eta)] \tag{2-49}$$

관찰된 반응 속도는 관계식 (2-46)과 (2-49)로부터 다음과 같이 나타낼 수 있다:

$$(-r_A)_{obs} = C_{Ag}/[(1/k_{Ag}) + (1/\eta k_A)] \tag{2-50}$$

물질 전달, 세공 확산, 그리고 표면 반응의 상대적인 중요도에 따라서 방정식 (2-50)은 각각 특별한 형태로 바뀌게 되는데, 그럴 경우 이러한 세 가지 현상들 가운데 어느 한 가지 또는 두 가지 현상이 율속 단계로서 작용한다. 다음의 예제는 이와 같은 경우의 한 예이다.

예제 2-1

표면 반응이 율속일 경우 방정식 (2-50)의 형태가 어떻게 바뀌는가? 그리고 이것은 k_{Ag}, C_{As}, η, 그리고 η_o에 어떤 의미를 부여하는가?

[풀이]

표면 반응이 율속이라면 촉매 입자 외부의 물질 전달과 입자 내부의 세공 확산의 영향을 상대적으로 무시할 수 있다. 이것을 여러 가지 매개 변수들에 대해서 해석하면 $k_{Ag} \gg k_A$, $C_{As} \rightarrow C_{Ag}$가 되고 유효성 인자 η_o와 η는 1에 접근하는 값들을 가지게 된다. 즉, 방정식 (2-50)에서 겉보기 반응 속도는

$$(-r_A)_{obs} = k_A C_{Ag} \tag{2-51}$$

의 형태가 되며 균일 기체상 반응의 반응 속도와 동일한 형태에 해당된다. 이 경우 반응물질 A의 농도 이력은 기체 본체, 입자 외부, 그리고 입자 내부의 모든 영역에서 $C_A = C_{Ag}$가 된다.

7. 촉매 비활성화deactivation와 재생regeneration

촉매 설계에 있어서의 많은 발전에도 불구하고 모든 촉매는 사용 시간이 경과함에 따라서 활성이 감소하게 되는데, 이러한 현상을 촉매 비활성화라고 부른다. 촉매가 비활성화되는 속도는 탄화수소의 분해반응에 사용되는 촉매의 경우처럼 매우 빠르거나, 암모니아 합성에 사용되는 철Fe 촉매의 경우처럼 매우 느려서 수년 동안 공정에 사용되더라도 활성의 손실이 거의 없는 경우도 있다. 어쨌든 간에 설계 엔지니어는 촉매 활성의 피할 수 없는 손실에 대비하여 촉매의 재생 또는 주기적 교체를 실시하여야 한다. 이러한 조치들은 자본 비용capital cost 측면과 조업 중단으로 인한 생산량 손실 측면에서 높은 비용을 초래하므로 촉매 비활성화는 가능한 한 최소화시키는 것이 바람직하다. 이 절에서 우리는 촉매 비활성화의 원인이 되는 과정들 뿐 만 아니라 촉매 비활성화가 촉매의 성능에 미치는 영향을 알아보고자 한다. 또한 촉매 비활성화를 예방할 수 있는 방법들과 비활성화된 촉매들을 재생시키는 방법들에 대해서 토의하고자 한다.

7.1 촉매 오염fouling

촉매의 오염은 반응 장치 안에 존재하는 물질들(반응물질, 생성물질, 또는 반응 중간체)이 촉매 표면에 쌓여서 활성점들을 막게 되는 경우에 일어나는 비활성화 현상을 의미한다. 가장 흔히 발생하는 촉매 오염 현상은 탄소 종carbonaceous species에 의한 오염으로서 "coking"으로 알려진 오염 과정이다. 탄소 종은 흔히 coke라고 부르는데, 다음과 같이 여러 가지 형태로 촉매 표면에 침적된다:

(1) 아주 얇은 층laminar의 graphite ;

(2) 고분자의 다중고리 방향족 물질polycyclic aromatics로서 타르tar라고 부름 ;

(3) 탄소 고분자 덩이carbon polymer aggregates ;

(4) 금속 카바이드metal carbides.

생성되는 coke의 형태는 촉매, 반응 온도, 그리고 탄소 화합물의 분압partial pressure에 의해서 결정되는 경향을 보인다. 실리카silica 또는 탄소 지지체support 상에서는 coke가 거의 생성되지 않지만 산성acidic 지지체 또는 촉매 상에서는 coking이 쉽게 발생한다. Coking을 최소화하기 위해서는 반응 장치 내의 체류 시간residence time이 짧은 조건 하에서 조업하거나 공정 흐름에 수소(H_2)를 첨가하여 기체상 탄소gas-phase carbon를 메탄(CH_4)으로 전환시켜야 한다. (수소 이외에 수증기를 첨가할 경우 기체상 탄소를 일산화탄소와 수소의 혼합물로 전환시켜서 coking을 억제할 수 있다.) 또한 반응 장치 내의 촉매 층 상류upstream의 온도를 최소값으로 유지하는 것이 coking 억제에 유리한데, 그 이유는 낮은 온도에서는 기체상 탄소가 쉽게 생성되지 않기 때문이다.

7.2 촉매 피독poisoning

촉매의 피독은 공정 흐름 속의 화합물들이 촉매 표면에 화학흡착되어 활성점들을 막게 되거나 변화시키는 비활성화 현상을 의미한다. 촉매 독poison은 촉매 표면의 재구성reconstruction 또는 이완relaxation 과정을 통해서 촉매의 표면 형상surface morphology을 변화시키거나 금속 촉매와 지지체 사이의 결합 형태를 변화시킨다. 촉매 독의 독성toxicity은 촉매 독의 흡착 열heat of adsorption과 흡착 과정의 자유 에너지에 의해서 결정되는데, 이 인자들에 의해서 촉매 독의 화학흡착 평형 상수 K_P가 정해진다. 가역적으로 흡착되는 촉매 독에 의해서 덮여진 활성점들의 분율 θ_P는 방정식 (1-23a)와 같은 Langmuir 흡착 등온식을 사용하여 다음과 같이 계산할 수 있다:

$$\theta_P = K_P p_P/(1 + K_A p_A + K_P p_P) \qquad (2\text{-}52)$$

여기서 K_A와 K_P는 각각 반응물질 A와 촉매 독 P의 흡착 평형 상수들이며 p_A와 p_P는 각각 반응물질 A와 촉매 독 P의 분압들이다. 피독된 촉매의 활성은 아직 촉매 독에 의해서 덮여져 있지 않은 활성점들의 분율 (1 - θ_p)에 비례한다. 촉매 독으로서 작용하는 화합물들은 대부분의 경우 원료 흐름 속의 불순물들이지만 때로는 반응의 생성물질들도 촉매 독으로서 작용하는 경우가 있다. 촉매 독의 세 가지 주요한 형태는 다음과 같다:

(1) 반응성 있는 heteroatoms(예를 들어 sulfur)를 포함하는 분자들 ;

(2) 원자들 사이에 다중 결합을 가진 분자들 (예를 들어 불포화 탄화수소들) ;

(3) 금속 화합물들 또는 금속 이온들 (예를 들어 Hg, Pb, Bi, Sn, Cu, Fe).

촉매 독과 촉매 (또는 지지체) 사이의 화학흡착 결합bond의 세기는 비교적 약하지만 예외적으로 강한 경우도 존재하는데, 후자의 경우 촉매의 피독에 의해서 촉매 활성의 비가역적 손실이 초래된다. 그러나 촉매 독의 화학흡착 결합이 아주 약한 경우 손실된 촉매 활성은 원료 흐름으로부터 불순물(촉매 독)을 제거함으로써 회복될 수 있다. 촉매 독은 물리적인 분리 방법에 의해서 제거될 수도 있지만, 위에서 소개된 형태 (1) 또는 (2)와 같은 촉매 독의 경우에는 화학적인 처리 방법에 의해서 비독성nontoxic 화합물로 전화시키기도 한다: 형태 (1)의 촉매 독의 화학적 처리를 위해서는 산화반응이 사용되고 형태 (2)의 촉매 독의 화학적 처리를 위해서는 수소첨가반응이 사용된다. 만일 생성물질이 촉매 독으로서 작용할 경우에는 반응물질의 전화율을 낮추어서 반응 장치를 운전하거나 다단계multistage 반응장치의 중간 단계들로부터 생성물질을 선택적으로 제거하는 조업 방식이 유리하다.

7.3 촉매 소결sintering

촉매의 소결은 촉매 또는 지지체를 구성하는 작은 결정들의 성장growth 또는 결집agglomeration으로 인한 비활성화 현상이다. 촉매 소결 과정에서 일어나는 촉매 구조의 재배열rearrangement 때문에 촉매의 표면적이 감소하고 결과적으로 촉매 활성점들의 수가 비가역적으로 줄어든다. 일반적으로 촉매 소결은 촉매의 국지적local 온도가 촉매의 녹는melting 온도 T_m의 대략 1/3 내지 1/2을 초과할 때 발생한다. 소결 온도의 상한값, 즉, $T_m/2$는 건조한 (수증기가 존재하지 않는) 조건 하에서 적용되는 반면, 소결 온도의 하한값, 즉, $T_m/3$은 수증기가 존재하는 조건 하에서 적용된다; 수증기는 많은 금속들, 알루미나, 그리고 실리카의 재구성이 쉽게 일어나도록 만드는 역할을 한다. 아래의 표 2.4에는 흔히 사용되는 금속 촉매들에 대해서 촉매 소결이 시작되는 온도, 즉, $T_m/3$을 수록하였다.

〈표 2.4〉 금속 촉매의 소결 온도 (Missen 등, 1999)

Metal	Sintering temperature/°C;[(1/3)T_m]
Cu	360
Fe	500
Ni	500
Pt	570
Pd	500

촉매 소결을 방지하기 위해서는 녹는 온도가 높거나 작은 결정들의 결집을 막을 수 있는 안정제들stabilizers을 촉매 표면에 도포dope하여야 한다. 예를 들어, 녹는 온도가 높은 크롬 산화물chromia, 알루미나, 그리고 마그네슘 산화물magnesia이 미세한 크기의 결정으로 이루어진 금속 촉매들에 대한 안정제로 자주 첨가된다. 뿐 만 아니라, 기체 흐름에 소량의 염소 화합물들chlorinated compounds을 첨가하여 백금 촉매의 소결을 방지할 수 있는데, 이 경우 염소는 촉매 소결 과정의 활성화 에너지를 증가시킴으로써 결과적으로 소결 속도를 감소시키는 역할을 한다.

7.4 촉매 비활성화가 촉매 성능에 미치는 영향

촉매의 비활성화는 여러 가지 측면에서 촉매의 성능, 즉, 촉매 반응 장치의 성능에 영향을 미친다. 촉매 활성점들의 수가 줄어들면 촉매 활성과 반응물질의 전화율conversion이 감소될 수 있다. 그러나 어떤 반응들은 금속 촉매의 표면 형상configuration에 아주 밀접하게 연관되는 반면, 어떤 다른 반응들은 금속 촉매의 존재 여부, 즉, 어떤 금속이 있는지 없는지의 여부에만 연관되기도 한다. 즉, 촉매 비활성화가 촉매 성능에 미치는 영향의 크기는 촉매가 사용되는 화학 반응과 촉매 비활성화의 형태에 의해서 결정된다. 예를 들어, 황sulfur, 질소nitrogen, 또는 탄소

carbon가 촉매에 침적되거나 화학흡착되면 일반적으로 교환 반응exchange reaction보다 수소첨가반응에 더 큰 영향을 미친다; 그 결과 촉매에 의해서 여러 가지 반응들이 동시에 일어나는 경우 촉매 비활성화는 수소첨가반응 이외의 반응들에 의한 생성물질들의 선택도를 증가시키게 된다.

비슷한 맥락에 의해서, 촉매 분해 장치catalytic crackers의 원료 흐름에 존재하는 중금속들(예를 들어 Ni, Fe)이 촉매에 침적되면 탈수소화반응dehydrogenation을 일으키게 된다; 이 경우 가솔린 수율gasoline yield이 감소하는 반면 분자량이 작은 탄화수소들과 수소가 더 많이 생산된다. 촉매 비활성화가 촉매 성능에 영향을 미치는 또 다른 형태는 촉매 세공의 막힘 현상blocking에 의한 것이다. 이러한 형태는 촉매 오염 현상에서 특히 자주 발견되는데, 큰 결집체들aggregates이 촉매 표면에 침적되어 촉매 세공을 막음으로써 세공-확산 저항과 Thiele modulus가 증가하여 반응의 유효성 인자가 감소하게 되는 것이다. 이러한 형태의 극단적인 경우에는 촉매층에서의 압력 강하pressure drop가 급격하게 증가하여 반응 장치의 운전에 지장을 초래할 수도 있다.

7.5 촉매 재생

어떤 경우에는 화학적 처리에 의해서 비활성화된 촉매의 활성을 부분적으로 또는 완전하게 회복시킬 수 있다. 비활성화된 촉매의 재생 과정은 열역학적인 제한thermodynamic limitation 또는 촉매 세공들의 막힘 현상으로 인한 물질 확산 측면의 제한diffusional limitation 때문에 느리게 진행될 수도 있다. 재생 과정에서 중요한 탈착 속도는 일반적으로 온도가 높을수록 증가하지만 촉매가 높은 온도의 기체 흐름에 너무 오랫동안 노출되면 촉매 소결과 촉매 활성의 비가역적 손실이 발생할 수 있다. 촉매 표면의 활성점에 결합되었거나 침적된 물질이 촉매 소결 온도보다 낮은 온도 범위에서 기화될 수 없다면 촉매 비활성화는 비가역적 피독 또는 오염의 경우에 해당된다.

황 성분에 의해서 피독된 금속 촉매에 있어서 금속-황 결합은 대부분의 경우 수증기에 의해서 제거되는데, 예를 들어 니켈 촉매의 경우 아래와 같은 반응식으

로 나타낼 수 있다:

$$Ni\text{-}S + H_2O \rightarrow NiO + H_2S$$

$$H_2S + 2H_2O \rightarrow SO_2 + 3H_2$$

두 번째 반응은 매우 높은 온도(〉 700℃)에서 평형에 도달하므로 촉매 소결의 문제가 발생할 수 있으며, 생성물질인 SO_2가 촉매 독으로 작용하는 경우도 발생할 수 있다. 촉매 소결 또는 SO_2로 인한 촉매 피독 때문에 수증기에 의한 촉매 재생이 불가능할 경우에는 황 성분을 포함하지 않는 기체 흐름을 비교적 낮은 온도에서 오랫동안 촉매 층으로 통과시킴으로써 비활성화된 촉매에 침적된 황 성분을 제거할 수 있다.

탄소에 의해서 오염된 촉매는 침적된 탄소를 아래와 같이 산소, 수증기, 수소, 혹은 이산화탄소에 의해서 기화시켜 제거함으로써 재생시킨다:

$$C + O_2 \rightarrow CO_2$$

$$C + H_2O \rightarrow CO + H_2$$

$$C + 2H_2 \rightarrow CH_4$$

$$C + CO_2 \rightarrow 2CO$$

위에서 첫 번째 반응은 심한 발열 반응이며 촉매 입자 내부에 높은 국지적 온도를 초래할 수 있으므로 촉매 소결을 피하기 위해서 반응 온도를 주의깊게 조절하여야 한다.

예제 2-2

탄소 침적으로 인해 오염된 세공성 촉매 층으로 1000K의 이산화탄소 흐름을 흘려 보냄으로써 [$C(s) + CO_2(A) \rightarrow 2CO(B)$] 로 표시되는 탄소 제거 반응에 의해서 비활성화된 촉매를 재생시키고자 한다. 아래에 주어진 자료들을 사용하여 촉매 재생 과정의 특성을 다음과 같이 계산하라.

(a) Thiele modulus, (b) 유효성 인자, (c) 실제 재생 속도 $(-r_A)_{obs}$

자료: D_e = 0.10cm²/s, L_e =0.7cm; C_{As}(촉매 입자 외부 표면 농도) = 0.012 mol/L

재생 과정의 탄소 제거 반응은 Langmuir-Hinshelwood 형태의 반응속도식을 따르며 원래의 반응 속도는 다음과 같다:

$$(-r_A)_{int} = kC_A/(1 + K_AC_A + K_BC_B)$$

여기서 $k = 3.8 \times 10^{-4}$/s, K_A = 340L/mol, $K_B = 4.2 \times 10^6$L/mol이고, C_A와 C_B는 mol/L 단위의 농도들이다.

[풀이]

이 예제는 원래의 반응속도식이 LH 형태를 따르는 촉매 표면 반응의 속도를 일반화된 Thiele modulus ϕ_G와 그림 2.3에 의해서 결정되는 유효성 인자 η에 연관시켜 계산하는 과정을 나타내 보이고 있다. 순차적으로 ϕ_G와 η를 결정하고 마지막으로 $(-r_A)_{obs}$를 결정한다.

(a) 관계식 (2-22)로부터 일반화된 Thiele modulus는 다음과 같다.

$$\phi_G = L_e[(-r_A)_{int}]_{C_{As}}/[2D_e\int_0^{C_{As}}(-r_A)_{int}dC_A]^{1/2} \qquad (2\text{-}22)$$

여기서 $[(-r_A)_{int}]_{C_{As}}$는 $C_A = C_{As}$에서 계산된 원래의 반응 속도에 해당된다. 탄소 제거 반응의 양론으로부터 $C_B = 2(C_{As} - C_A)$이므로 LH 형태의 반응속도식에서 C_B를 소거하여 윗 식에서의 적분을 다음과 같이 나타낼 수 있다:

$$\int_0^{C_{As}}(-r_A)_{int}dC_A = \int_0^{C_{As}}[kC_A/\{1 + 2K_BC_{As} + (K_A - 2K_B)C_A\}]dC_A$$

이 적분을 수치 적분numerical integration 또는 $x = 1 + K_BC_{As} + (K_A - 2K_B)C_A$의 치환에 의한 해석적 적분analytical integration으로 계산할 수 있는데, 후자의 방법을 사용하면

$$\int_0^{C_{As}}(-r_A)_{int}dC_A = k[(K_A - 2K_B)C_{As} + (1 + 2K_BC_{As})\ln\{(1 + 2K_BC_{As})/$$

$$(1 + K_AC_{As})\}]/(K_A - 2K_B)^2 = 4.8 \times 10^{-12}\ \text{mol}^2/\text{L}^2 \cdot \text{s}$$

Langmuir-Hinshelwood 형태의 반응속도식과 반응의 양론으로부터 $C_A = C_{As}$ 조건에서 원래의 반응 속도를 계산하면

$$[(-r_A)_{int}]_{C_{As}} = kC_{As}/[1 + K_AC_{As} + 2K_B(C_{As} - C_{As})] = kC_{As}/(1 + K_AC_{As})$$

$$= 9.0 \times 10^{-7}\text{mol/L} \cdot \text{s}$$

관계식 (2-22)에 수치 값들을 대입하면

$$\phi_G = 0.7(9.0 \times 10^{-7})/[2(0.10)(4.8 \times 10^{-12})]^{1/2} = 0.64$$

(b) 그림 2.3으로부터 η와 ϕ_G사이의 근사적인 상관 관계를 결정하면

$$\eta = 0.85 \text{ 내지 } 0.90$$

이 유효성 인자의 값은 촉매 재생 과정에서 세공 확산 저항이 비록 작지만 무

시할 수 없을 정도의 영향을 미치고 있음을 나타낸다.

(c) 실제 재생 속도 $(-r_A)_{obs}$를 유효성 인자 η와 $[(-r_A)_{int}]_{C_{As}}$로부터 계산하면

$$(-r_A)_{obs} = \eta[(-r_A)_{int}]_{C_{As}} = 8 \times 10^{-7} \text{mol/L} \cdot \text{s}$$

| 익힘문제 |

1. (a) 0차 촉매 반응에 있어서 촉매 입자의 유효성 인자가 η일 경우 총괄 유효성 인자 η_o를 η로부터 구하고 그 이유를 설명하라.

   (b) 고체 촉매 입자 내부에서 일어나고 있는 [A(g) → 생성물질] 로 표시되는 반응에 있어서 기체 흐름의 조성은 순수한 A 이고 촉매 입자의 (정규화된) Thiele modulus가 10일 경우 총괄 유효성 인자 η_o의 값을 구하고 그 이유를 설명하라.

2. [A(g) → 생성물질] 로 표시되는 기체상 반응이 flat-plate 형상의 고체 촉매 입자 내부에서 일어나고 있다. 촉매 반응은 0차 반응이며 반응물질 A는 촉매 입자의 한 쪽 면을 통해서만 내부로 확산된다고 가정한다.

   (a) 촉매 입자 내부에서의 확산 미분 방정식을 A 농도의 무차원 형태로 유도하고 Thiele modulus ϕ의 관계식을 구하라.

   (b) (a)에서 유도한 미분 방정식을 풀어서 반응물질 A의 무차원 농도 이력 $\psi(\phi, z)$를 구하라. 단, z는 촉매 입자의 무차원 두께thickness를 나타내는 변수이며 z의 모든 값에 대해서 $\psi > 0$라고 가정한다.

   (c) (b)로부터 촉매 입자의 유효성 인자 ψ에 대한 관계식을 구하라.

   (d) 반응물질 A가 더 이상 투과할 수 없는 면, 즉, 촉매 입자 내부의 막다른 면에서 A 농도가 0이 되는 경우의 Thiele modulus 값을 구하라.

3. 위의 2번 문제를 반경 R인 구형spherical 촉매 입자의 경우에 대해서 풀어라. 단, r은 촉매 입자의 중심으로부터 외부 표면 방향으로의 거리를 나타내는 변수이며 r의 모든 값에 대해서 $\psi > 0$라고 가정한다. (Hint: $y = dC_A/dr$로 치환하여 미분 방정식을 푼다.)

4. (a) [A(g) → 생성물질] 로 표시되는 기체상 반응이 구형 촉매 입자 내부에서 일

어나고 있다. 촉매 반응은 1차 비가역 반응이며 촉매 입자 외부의 기체 경막을 통한 열 및 물질 전달 저항은 무시할 수 있다고 가정하였을 때 그림 2.4와 다음의 자료들을 사용하여 촉매의 유효성 인자 η를 구하라.

자료: A는 500K에서 2.4bar의 분압을 가진 기체 상태의 반응물질이다;

$$E_A = 83\text{kJ/mol};\ \text{Thiele modulus}\ \phi = 10;\ k_e = 1.2 \times 10^{-3}\text{J/s}\cdot\text{cm}\cdot\text{K};$$

$$D_e = 0.03\text{cm}^2/\text{s};\ \Delta H_{RA} = +135\text{kJ/mol}$$

(b) ΔH_{RA} = -135kJ/mol 인 경우에 대해서 (a)를 풀어라.

(c) (a)와 (b)의 결과들을 등온 촉매 입자의 경우와 비교하라.

5. 관계식 (2-25)에 의해서 정의된 observable modulus Φ를 사용하기 위해서는 C_{As}를 알아야 한다. 만일 C_{As} 대신에 직접 측정할 수 있는 기체상 농도 C_{Ag}를 사용하려면 어떠한 가정이 필요한가?

6. [A(g) → 생성물질] 로 표시되는 기체상 반응이 고체 촉매 입자 내부에서 일어나고 있다. 촉매 반응이 1차 비가역 반응이며 촉매 입자가 등온 상태를 유지할 경우, 총괄 유효성 인자 η_o는 다음과 같은 관계식에 의해서 촉매 입자의 유효성 인자 η, 반응 속도 상수 k_A, 그리고 입자 외부의 기체 경막을 통한 물질 전달 계수 k_{Ag}에 연관된다:

$$1/\eta_o = k_A/k_{Ag} + 1/\eta \tag{2-49}$$

위의 관계식과 다른 적절한 고려 사항들에 근거하여 아래와 같은 각각의 경우에 대해서 표를 완성하고 반응물질 A의 농도 이력을 스케치하라.

(a) 입자 내부에서의 표면 반응이 율속인 경우,

(b) 입자 외부의 기체 경막을 통한 물질 전달이 율속인 경우,

(c) 표면 반응과 입자 내부의 세공 확산이 모두 율속인 경우,

(d) 표면 반응과 기체 경막에서의 물질 전달이 모두 율속인 경우.

case	k_{Ag} vs. k_A	$C_{As} \to ?$	$\eta \to ?$	$\eta_o \to ?$	$(-r_A) \to ?$
(a)	$k_{Ag} \gg k_A$	C_{Ag}	1	1	$k_A C_{Ag}$
(b)	?	?	(해당없음)	?	?
(c)	?	?	η	?	?
(d)	(서로 비슷함)	(아주 작음)	?	?	?

7. V_2O_5 촉매 상에서 SO_2 산화반응의 반응 속도 상수 k를 형상과 크기가 서로 다른 두 종류의 촉매 입자 A와 B에 대해서 실험으로 구한 값들이 아래의 표와 같다.

T/℃	416	420	429	437	455	58	474	488	504	525	544
10^6k(촉매 A)	-	6.7	-	17.7	47	-	99	-	-	-	-
10^6k(촉매 B)	1.43	-	2.23	5.34	-	11.1	-	17.7	28	38.6	37.7

단, k의 단위는 (반응한 SO_2moles)/(g cat) · s · atm;

촉매 A는 직경 0.67mm의 구형 입자;

촉매 B는 직경 8mm이고 길이 25mm인 원통형 입자.

(a) 위의 실험 자료들로부터 V_2O_5 촉매에 의한 SO_2 산화 반응의 활성화 에너지를 구하라.

(b) 원통형 촉매 입자 B로부터 얻은 실험 자료는 심각한 세공-확산 저항의 존재를 나타내는가? 만일 그러하다면 세공-확산 저항이 존재하는 범위 내에서의 겉보기 활성화 에너지를 구하라.

(c) 어떤 특정한 공장에서 직경 5mm이고 길이 5~10 mm인 원통형 촉매 펠릿들을 사용하려고 한다면 반응 온도 525℃와 429℃에서 이 촉매 펠릿들의 반응 속도 상수의 값을 각각 계산하라.

8. [A → 생성물질] 로 표시되는 기체상 1차 비가역 반응에 사용될 촉매의 성능을 조사하기 위해서 C_{As} = 0.025mol/L인 조건 하에서 여러 가지 크기의 구형 촉매 입자들에 대한 겉보기 반응 속도를 측정한 실험 자료들이 아래의 표와 같다.

입자의 직경/mm	0.1	0.5	1	5	10	20	25
$10^4 \times (-r_A)_{obs}$/mol · L^{-1} · s^{-1}	5.8	5.9	5.3	2.4	1.3	0.74	0.59

적절한 가정에 근거하여 다음을 계산하라.

(a) 원래의 반응 속도 $(-r_A)_{int}$와 반응 속도 상수 k_A ;

(b) 직경 1, 5, 20, 그리고 25mm 촉매 입자들의 유효성 인자 η ;

(c) 직경 5, 20, 그리고 25mm 촉매 입자들의 Thiele modulus ϕ';

(d) 유효 확산 계수 D_e

9. (a) [A → 생성물질] 로 표시되는 기체상 n 차 비가역 반응에 사용되는 고체 촉매 입자의 유효성 인자 η를 총괄 유효성 인자 η_o와 다른 적절한 매개 변수들로

나타내어라.

(b) (a)의 결과로부터 반응 차수 n = 0, 1, 그리고 2에 대해서 총괄 유효성 인자 η_o를 촉매 입자의 유효성 인자 η와 다른 매개 변수들로 나타내어라.

10. [A → 생성물질] 로 표시되는 기체상 2차 비가역 반응에 있어서 상대적으로 세공율이 높은, 즉, η → 1에 가까운 고체 촉매 입자들이 사용된다. k_{Ag}/k_A = 20mol/m^{3}일 경우, 반응 온도 600K와 A의 분압 0.2MPa 조건 하에서 촉매 입자 외부의 기체 경막을 통한 물질 전달의 저항이 반응 속도를 얼마나 많이 감소시키는가? 반응물질 A는 이상기체로 간주할 수 있다.

chapter 3 다상 반응 계Multiphase Reacting Systems

chapter 3

다상 반응 계Multiphase Reacting Systems

이 장에서는 서로 다른 상phase으로 존재하는 물질들이 반응하는 다상 비촉매 반응 계multiphase noncatalytic reacting systems를 다룰 예정이다. 다상 반응계는 두 가지 이상의 계(즉, 기체, 액체, 그리고 고체)를 포함하지만 여기서는 우리의 관심을 2상계two-phase systems에 국한시켜서 여러 가지 형태의 속도 과정들(즉, 반응, 확산, 그리고 물질 및 열 전달)이 반응 모델에서 어떻게 고려되는가를 나타내 보이고자 한다. 다루게 될 이상계는 주로 기체-고체 계(1절)와 기체-액체 계(2절)이며, 원래의 반응 속도intrinsic reaction rate가 1차 또는 2차 비가역 반응의 속도식을 따르는 경우를 취급할 예정이다: 이와 같은 가정에 의해서 화학 반응과 전달 현상들이 함께 고려되어야 할 상황에 있어서 총괄 반응 속도에 대한 해석적인 표현analytical expressions을 얻을 수 있다.

3절에서는 고체들 만을 포함하는 반응 계에 있어서 원래의 반응 속도에 대한 고찰을 다룰 예정이다. 이러한 계에 있어서는 물질 전달 속도가 상대적으로 중요한 역할을 차지하지 못하는데, 그 예로서 재료 공학 분야의 공정들인 화학 증착chemical vapor deposition과 식각 조업etching operation을 들 수 있다. 여기서는 그러한 불균일상 반응heterogeneous reactions에 관련된 반응기구들과 원래의 반응 속도에 대한 속도 법칙을 기술하고자 한다.

1. 기체-고체 (반응물질) 계

1.1 기체-고체 비촉매 반응 계의 예

여기서는 두 가지 형태의 기체-고체 반응 계들을 고려할 수 있다. 첫 번째 형태에서는 고체 반응물질이 기체 반응물질과 반응하여 (고체 반응물질과는 다른) 고체 생성물질(들)을 생성하는 것이고, 두 번째 형태에서는 고체 반응물질이 기체 반응물질과 반응하는 과정에서 소멸되면서 기체 생성물질(들)을 생성하는 것이다.

첫 번째 형태의 반응 계에 대한 예는 다음과 같다:

$$2ZnS(s) + 3O_2(g) \rightarrow 2ZnO(s) + 2SO_2(g) \qquad \text{(A)}$$

$$Fe_3O_4(s) + 4H_2(g) \rightarrow 3Fe(s) + 4H_2O(g) \qquad \text{(B)}$$

$$CaC_2(s) + N_2(g) \rightarrow CaCN_2(s) + C(s) \qquad \text{(C)}$$

$$2CaO(s) + 2SO_2(g) + O_2(g) \rightarrow 2CaSO_4(s) \qquad \text{(D)}$$

위에서 소개된 예들이 다음과 같은 모델 반응식의 범주와 완전히 일치하는 것은 아니지만 이 장에서 취급될 첫 번째 형태의 반응 계에 대한 반응 모델에서의 표준 반응식을 아래와 같이 나타내기로 한다:

$$A(g) + bB(s) \rightarrow \text{생성물질들}[(s), (g)] \qquad (3\text{-}1)$$

여기서 표기의 편리를 위하여 양론 계수로서 지금까지 사용되었던 ν_B 대신 b를 사용하기로 한다; 즉, $b \equiv |\nu_B| > 0$ 이다.

생성물질들이 모두 기체이고 고체 반응물질이 수축되어, 즉, 그 크기가 줄어들어 결국에는 소멸되는 경우에 해당되는 두 번째 형태의 반응 계에 대한 예는 다음과 같다:

$$C(s) + O_2(g) \rightarrow CO_2(g) \qquad \text{(E)}$$

$$C(s) + H_2O(g) \rightarrow CO(g) + H_2(g) \qquad \text{(F)}$$

두 번째 형태의 반응 계에 대한 표준 반응식은 아래와 같이 나타내기로 한다:

$$A(g) + bB(s) \rightarrow \text{생성물질들}(g) \qquad (3\text{-}2)$$

첫 번째 형태의 반응 계는 1.2절에서 다루고 두 번째 형태의 반응 계는 1.3절에서 다룰 예정이다.

1.2 고체 입자의 크기가 일정한 경우

1.2.1 반응속도식 모델에 대한 일반적 고찰

반응식 (3-1)로 나타낸 반응에 대한 반응속도식 모델을 개발하기 위해서 처음에는 모든 고체 물질이 B로 존재하는 단일single 고체 반응물질 입자가 무한히 많은 양의 기체 반응물질 A와 반응하는 계를 고려하기로 한다. 반응이 일어나는 동안 입자의 크기는 변하지 않는데, 이러한 가정은 입자가 반응 도중에 부서지지 않으며 고체 반응물질 B와 그것을 둘러싸고 있는 고체 생성물질의 밀도가 거의 동일하다는 것을 필요 조건으로 한다. 따라서 입자의 크기는 변수variable가 아니라 단지 매개변수parameter에 해당된다. 입자의 크기가 일정하다는 가정에 의해서 반응 속도를 입자의 단위unit 외부 표면적 또는 단위 체적에 대해서 정규화하여 단순하게 나타낼 수 있다.

단일 입자는 반응 조건들이 시간 t에 따라서 변하는 회분식 반응기처럼 거동한다. 반응하는 고체 입자의 이와 같은 비정상 상태unsteady-state 거동은 제 2 장에서 다룬 불균일상 촉매작용heterogeneous catalysis에 있어서 촉매 입자의 정상 상태steady-state 거동과는 다르다. 고체 입자의 비정상 상태 거동에 대한 미분 방정식을 적분하여 얻어지는 반응 속도 법칙은 전화된 반응물질 B의 분율fraction f_B를 반응 시간 t에 대한 함수function로 나타내거나 혹은 그것의 역inverse, 즉, 반응 시간 t를 반응물질 B의 전화 분율 f_B에 대한 함수로 나타내도록 하여준다.

반응 속도 법칙 또는 반응 모델을 구하기 위해서는 총괄 과정에 포함된 여러 가지 개별 과정들을 고려하여야 한다. 기체 반응물질 A와 고체 반응물질 B 사이의 반응이 고체 입자 내부의 어떤 지점에 있는 고체 반응물질 B의 표면에서 일어나는 것으로 간주할 수 있는데, 기체 반응물질 A가 반응이 일어나는 이 표면까지 다다르기 위해서는 기체 본체로부터 입자 내부로 이동하여야 한다. 이 경우에는 제 2 장에서 다룬 촉매 입자에서의 경우와 유사한 기체상의 물질 전달 저항들이 포함되는데, 입자의 외부 표면 부근에서의 외부 물질 전달 저항 뿐 만 아니라 생성된 고체 생성물질과 미처 반응하지 않은 고체 반응물질의 세공을 통한 내부 확산 저항이 고려되어야 한다. 이와 같은 상황을 그림 3.1에서 특정한 시간의 순간에 반경 R의 등온 상태의 구형 입자에 있어서의 일반적인 경우와 두 가지의 극단적인 경우들에 대해서 나타내었다.

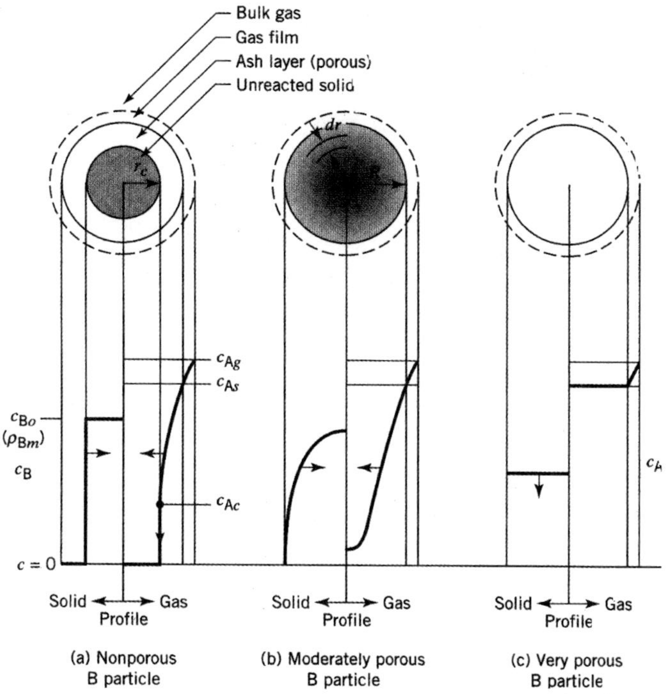

그림 3.1_ 고체 입자의 크기가 일정한 경우의 반응 [A(*g*) + *b*B(*s*) → 생성물질들] 에 있어서 등온 상태의 구형 입자에서의 순간적인 농도 이력들(concentration profiles) : (b)는 일반적인 경우, (a)와 (c)는 극단적인 경우를 각각 나타낸다 ; 고체 생성물질은 세공성이고 화살표는 반응 시간의 경과에 따른 농도 이력의 이동 방향을 나타낸다. (Missen 등, 1999)

그림 3.1의 모든 경우에서 고체 입자 외부 표면 부근의 기체 경막을 통한 기체 반응물질 A의 물질 전달을 나타내었다. 고체 입자의 크기가 일정한 경우에서 중요한 점은 입자 내부의 상황과는 관계없이 외부 물질 전달의 영향이 모든 경우들에 있어서 동일하다는 것이다.

그림 3.1(b)에는 일반적인 경우의 농도 이력을 나타내었는데, 고체 반응물질과 생성물질이 모두 적당한 크기의 세공성을 가지며 고체 입자 내부의 반경 방향

에서의 위치 r에 대한 반응물질 A와 B의 농도 이력들이 연속적으로 변한다: 고체 입자의 외부 표면으로부터 입자의 중심부로 이동함에 따라서 중심 축의 왼쪽에 나타낸 고체 반응물질 B의 농도 C_B는 증가하고 중심 축의 오른쪽에 나타낸 기체 반응물질 A의 농도 C_A는 감소하게 된다. B의 농도는 고체 입자의 단위 부피 당 B의 몰mole 수로 정의된다:

$$C_B \equiv n_B/\nu_p \tag{3-3}$$

$$= \rho_{Bm} \tag{3-3a}$$

여기서 ρ_{Bm}은 동일한 세공율을 가진 순수한 B로 이루어진 고체 입자의 몰 밀도(예를 들어 mol/m^3)를 의미하는데, 관계식 (2-3)에 있어서 세공성 촉매 입자의 밀도 ρ_p에 해당되는 값이다. A의 농도는 단일 상single-phase 유체에 대해서 정의되는 기체상 농도이다. 그림 3.1(b)에 나타낸 일반적인 농도 이력의 상황은 1.2.2절에서 다루게 될 일반적인 모델을 사용하여 해석할 수 있지만 그 결과에 대한 해답을 구하는 것은 이 책의 범위를 벗어나므로 다음과 같이 극단적으로 단순화된 모델들을 다루는 것이 필요하다.

그림 3.1(a)에는 반응물질 B가 비세공성 고체 입자로서 존재하는 극단적인 경우를 나타내었다. 이 경우에는 기체 반응물질 A가 처음에는 B의 외부 표면과 반응하고, 세공성인 고체 생성물질이 생성됨에 따라서 기체 반응물질 A가 점차 증가하는 두께의 세공성 생성물질 층layer을 통과하여 점차 후퇴하는 B의 표면으로 확산되어야 한다. 따라서 생성물질로 이루어진 세공성 외부 층과 반응물질 B로 이루어진 비세공성 핵심 사이에는 날카로운 경계가 존재하는데, 다음과 같은 농도 이력들에 의해서 특징지어진다:

(i) 고체 반응물질 B의 농도 C_B는 B가 완전히 반응한 세공성 외부 층에서는 0zero이고 순수한 B로 이루어진 비세공성 핵심에서는 ρ_{Bm}이다;

(ii) 기체 반응물질 A의 농도 C_A는 세공성 외부 층에서는 확산 저항의 증가 때문에 연속적으로 감소하지만 비세공성 핵심 내부에서는 0이다.

위의 경우는 1.2.3 절에서 다루게 될 수축-핵심 모델shrinking-core model; SCM로 불리우는 단순화된 모델의 근거에 해당된다.

그림 3.1(c)에는 그림 3.1(a)의 경우와는 반대로 반응물질 B가 세공율이 매우

높은 고체 입자로서 존재하는 극단적인 경우를 나타내었다. 이 경우에는 고체 입자 내부에서의 확산 저항이 없으며, B 내부의 모든 부분들이 기체 반응물질 A에 의해서 동등하게 접근될 수 있으므로, 반응은 그림 3.1(a)의 경우에서처럼 입자 내부의 어떤 비세공성 핵심 표면에서 순간적으로 일어나는 것이 아니라 입자 내부를 통틀어서 균일하게 일어난다. 따라서 농도 이력들은 고체 입자 내부의 반경 방향의 위치에 대해서 차이가 없이 편평하게 균일한 형태이지만 고체 반응물질 B의 농도 C_B는 반응 시간이 경과함에 따라서 화살표의 방향으로 감소한다. (그러나 기체 반응물질 A의 농도 C_A는 반응 시간과 관계없이 고체 입자 내부에서 일정한 형태의 농도 이력을 유지한다.) 이러한 반응 모델은 균일-반응 모델uniform-reaction model; URM로 불리우며, 반응 속도가 고체 반응물질 B의 원래의 반응성intrinsic reactivity의 함수로 결정되는 균일상 모델homogeneous model의 반응 속도와 동등하다. (균일상 모델은 3절에서 다루게 되므로 여기에서는 더 이상 언급하지 않겠다.)

1.2.2 일반적인 모델

1.2.2.1 등온 상태의 구형 입자

그림 3.1(b)의 경우에서 반경 R의 등온 상태의 구형 입자에서 반응이 반응식 (3-1)과 같이 일어나는 경우를 고려해 보기로 한다. (입자 내부의 반응 온도는 기체 본체의 온도와 동일하다고 가정한다.) 내부 반경이 r이고 두께가 dr인 얇은 껍질 모양의 control volume 에 있어서 반응물질 A(g)의 반응과 확산을 모두 고려하여 물질 수지를 세우면 다음과 같다:

(r + dr에서 확산에 의한 A의 유입 속도) - (r에서 확산에 의한 A의 유출 속도) - (껍질 내부에서 반응에 의한 A의 소멸 속도) = (control volume 내부에서 A의 축적 속도)

윗 식의 각 항을 수학적으로 나타내면,

$$4\pi r^2 D_e(\partial C_A/\partial r) + \{\partial[4\pi r^2 D_e(\partial C_A/\partial r)]/\partial r\}dr - 4\pi r^2 D_e(\partial C_A/\partial r) - (-r_A)4\pi r^2 dr$$
$$= \partial n_A/\partial t = \partial(C_A 4\pi r^2 dr)/\partial t \qquad (3\text{-}4)$$

여기서 확산에는 방정식 (2-4)에 의한 Fick's law가 사용되었고, D_e는 고체 입자의 세공 구조를 통과하는 기체 반응물질 A의 유효 확산계수이며, $(-r_A)$는 고체 입자의 단위 부피 당 A의 소멸 속도이므로 방정식 (3-4)의 각 항은 mol A/s의 단위를 가지게 된다. 세공 구조가 입자를 통틀어서 균일하고 D_e가 일정할 경우 방정식 (3-4)를 단순화시켜서 다음과 같이 나타낼 수 있다:

$$D_e[\partial^2 C_A/\partial r^2 + (2/r)(\partial C_A/\partial r)] - (-r_A) = \partial C_A/\partial t \tag{3-5}$$

한편 고체 반응물질 B에 대한 연속 식continuity equation을 입자 전체에 대해서 나타내면 다음과 같다:

$$(-R_B) = -\partial n_B/\partial t = -\nu_p(\partial C_B/\partial t) \tag{3-6}$$

또는

$$(-r_B) = R_B/\nu_p = -\partial C_B/\partial t \tag{3-7}$$

반응식 (3-1)의 양론stoichiometry으로부터 $(-r_A)$와 $(-r_B)$ 사이에는 다음과 같은 관계가 성립한다:

$$(-r_B) = b(-r_A) \tag{3-8}$$

또는

$$(-R_B) = b(-R_A) \tag{3-8a}$$

여기서 $(-R_A)$와 $(-R_B)$는 각각 입자 전체에 대한 반응물질 A와 B의 소멸 속도를 의미한다.

방정식 (3-5)와 (3-7)은 다음과 같은 초기 조건들과 경계 조건들을 가진 두 개의 결합된coupled 편미분 방정식에 해당된다:

$$t = 0;\ C_B \equiv C_{Bo} = \rho_{Bm} \tag{3-9}$$

$$C_A = C_{Ag} \tag{3-10}$$

$$r = R;\ D_e(\partial C_A/\partial r)_{r=R} = k_{Ag}(C_{Ag} - C_{As}) \tag{3-11}$$

$$r = 0;\ (\partial C_A/\partial r)_{r=0} = 0 \tag{3-12}$$

관계식 (3-11)에 나타낸 경계 조건은 고체 입자의 외부 경막을 통한 물질 전달에 관한 것으로서 k_{Ag}는 물질 전달 계수에 해당된다. 이 경계 조건은 고체 입자의 외부 표면에서의 기체 반응물질 A의 확산 속도는 물질 전달에 의해서 기체 본체로부터 고체 입자의 외부 표면으로 기체 반응물질 A가 운반되는 속도와 같다는 것을 의미한다. 관계식 (3-12)에 나타낸 경계 조건은 고체 입자의 기하학적 대칭성symmetry 때문에 입자의 중심을 통과하는 물질 전달은 없다는 것을 의미한다. 일반적으로 위와 같은 편미분 방정식들에 대한 해석적인 해analytical solution가 존재하지 않으므로 수치적인 방법들numerical methods을 사용하여 해를 구하는 수 밖에 없다. 그러나 그림 3.1(a)에 나타낸 수축-핵심 모델과 같이 단순화된 경우에는 해석적인 해를 구할 수 있는데, 그 절차를 1.2.3절에 기술하였다.

1.2.2.2 비등온 상태의 구형 입자

고체 입자 내부의 온도 이력에 관계되는 에너지 방정식은 기체 반응물질 A의 농도 이력에 관계되는 물질 수지 방정식에서와 비슷한 방법을 사용하여 그림 3.1(b)에서의 구형 입자의 얇은 껍질에 대한 에너지(엔탈피) 수지로부터 다음과 같이 나타낼 수 있다:

$$k_e[\partial^2 T/\partial r^2 + 2r(\partial T/\partial r)] - \Delta H_{RA}(-r_A) = \rho_{Bm} C_{pB}(\partial T/\partial t) \qquad (3\text{-}13)$$

여기서 k_e는 고체 입자 내부에서의 (Fourier′s law에 의한) 열 전달의 유효 열 전도계수로서 물질 확산의 유효 확산계수 D_e와 유사한 의미를 가지며, ΔH_{RA}는 기체 반응물질 A에 대한 반응 엔탈피enthalpy of reaction이며, C_{pB}는 고체 반응물질 B의 몰 열용량molar heat capacity을 나타낸다. 방정식 (3-13)의 각 항은 모두 같은 단위를 가지는데, 예를 들어 SI 단위 계를 사용할 경우 $J/m^3 \cdot s$가 된다. 편미분 방정식 (3-13)의 해를 구하기 위해서 필요한 초기 조건과 경계 조건들은 편미분 방정식 (3-5)에 대한 초기 조건 (3-10)과 경계 조건 (3-11), (3-12)와 유사하다:

$$t = 0;\ T = T_g \qquad (3\text{-}14)$$

$$r = R;\ k_e(\partial T/\partial r)_{r=R} = h(T_s - T_g) \qquad (3\text{-}15)$$

$$r = 0;\ (\partial T/\partial r)_{r=0} = 0 \qquad (3\text{-}16)$$

관계식 (3-15)에 나타낸 경계 조건은 고체 입자의 외부 표면에서의 전도conduction에 의한 열 전달 속도는 입자 외부의 열 경계 층thermal boundary layer을 통한 전도/대류에 의한 열 전달 속도와 같다는 것을 의미한다; 열 경계 층을 통한 열 전달 속도는 경막에서의 열 전달 계수 h와 고체 입자의 표면 온도 T_s와 기체 본체 온도 T_g 사이의 차이에 의해서 관계식 (3-15)의 오른쪽 항처럼 나타내었다. 관계식 (3-16)에 나타낸 경계 조건은 관계식 (3-12)와 같은 맥락에서 고체 입자의 기하학적 대칭성 때문에 입자 중심을 통과하는 열 전달은 없다는 것을 의미한다. 비등온 상태의 고체 입자에서는 물질 수지에 의한 편미분 방정식 (3-5)와 에너지 수지에 의한 편미분 방정식 (3-13)을 함께 고려해야 할 뿐 만 아니라 C_A와 T가 $(-r_A)$

에 의해서 비선형으로 결합된 형태이므로 이들 편미분 방정식의 해를 구하기가 더 복잡하다.

1.2.3 수축-핵심 모델SCM

1.2.3.1 등온 상태의 구형 입자

등온 상태의 구형 입자에 적용되는 수축-핵심 모델은 그림 3.1(a)에서 특정한 시간의 순간에 대해서 나타내었으나, 그림 3.2에서는 반응 시간의 증가가 미반응된unreacted 고체 입자 핵심의 크기와 농도 이력에 미치는 영향을 설명하기 위해서 서로 다른 두 시간들에 대해서 나타내었다. (Missen 등, 1999)

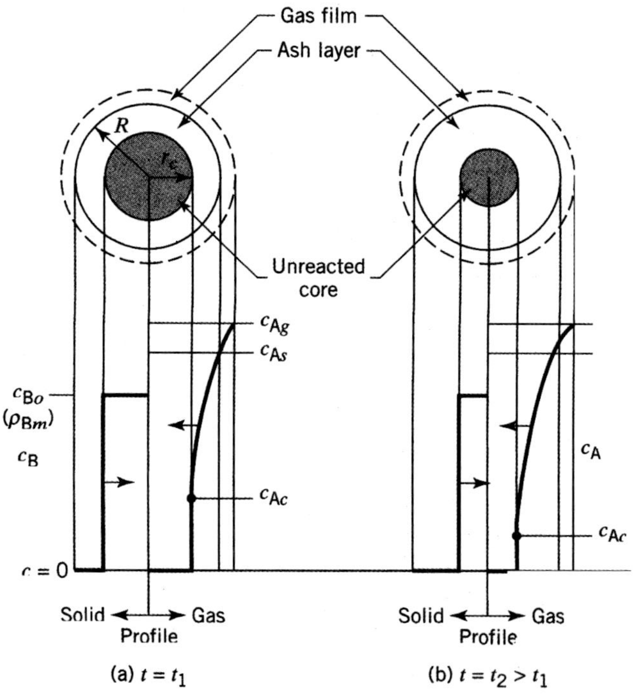

그림 3.2_ 등온 상태 구형 입자의 수축-핵심 모델에 있어서 반응 시간 t 증가의 영향

그림 3.2(a) 또는 3.2(b)는 1.2.1절에서의 일반적 고찰에 의해서 토의된 바와 같이 부분적으로 반응된 고체 반응물질 입자에 대해서 적용되는 수축-핵심 모델

의 진수essence를 나타내 보이고 있다. 고체 입자 내부에는 미반응된 고체 반응물질 B의 비세공성 핵심과 그것을 둘러싸고 있는 고체 생성물질의 세공성 외부 껍질 사이에는 반응 표면reaction surface에 해당되는 날카로운 경계가 존재한다. (고체 생성물질로 이루어진 세공성 외부 껍질을 흔히 "재 층ash layer" 이라고 부른다.) 고체 입자 외부에는 기체 본체로부터 입자의 외부 표면으로 기체 반응물질 A가 물질 전달되는 것에 대한 저항을 반영하는 기체 경막이 존재한다. 반응 시간이 경과 함에 따라서 반응 표면이 점차적으로 입자의 중심 쪽으로 이동하므로 고체 반응물질 B의 미반응된 비세공성 핵심이 수축된다; 즉, 미반응된 핵심의 크기가 작아진다. 수축-핵심 모델은 실제 경우에 대한 이상적 모델idealized model인데, 그 이유는 고체 반응물질 입자를 쪼개서 단면을 조사해 보면 반응된 영역과 미반응된 영역 사이의 경계가 분명하지 않은 경향이 있기 때문이다. 만일 그 경계의 불분명함이 심각하면 수축-핵심 모델 대신 1.2.2절에서 다룬 일반적인 모델이 사용되어야 한다.

수축-핵심 모델은 반응된 영역과 미반응된 영역 사이에 날카로운 경계, 즉, 반응 표면이 존재한다는 점에서 일반적인 모델과는 매우 중요한 차이를 나타낸다. 즉, 수축-핵심 모델에서는 기체 반응물질 A의 기체 경막을 통한 물질 전달, 고체 입자의 재 층을 통한 A의 확산, 그리고 미반응된 고체 반응물질 B의 핵심 표면에서 A와 B 사이의 반응을 포함하는 세 가지 과정들이 차례대로 직렬로 연결되는 반면, 일반적인 모델에서는 기체 반응물질 A의 물질 전달 과정이 나머지 두 과정들과 직렬로 연결되지만 고체 입자 내부에서의 A의 확산 과정과 A와 B 사이의 반응 과정은 서로 직렬로 연결되지 않고 오히려 입자 전체에서 함께 일어나게 된다. 수축-핵심 모델이 가지는 이러한 면모aspect는 확산과 반응 표면의 이동에 관한 상대적 속도들에 대한 추가적인 가정과 더불어 미분 방정식 (3-5)의 해를 상당히 단순화시키게 된다; 예제 3-1에서 구형 입자에 있어서 수축-핵심 모델에 의해 단순화된 미분 방정식의 해를 구하는 절차를 설명하였다. 다른 형상들의 입자에 대한 결과는 1.2.3.2절에 요약하였다.

그림 3.2에서 C_{Ag}는 고체 입자를 둘러싸고 있는 기체 본체에서의 반응물질 A의 농도이고, C_{As}는 입자의 외부 표면에서의 A의 농도이고, C_{Ac}는 입자 내부의 미

반응된 B의 핵심 표면에서의 A의 농도이고, R은 입자의 (일정한 크기의) 반경이고, r_c는 입자 내부의 미반응된 핵심의 (변화하는 크기의) 반경이다. 농도 C_{Ag}와 C_{As}는 일정한 반면, 농도 C_{Ac}는 반응 시간 t가 증가함에 따라서 감소하게 된다. (그 이유는 반응 시간 t가 증가할수록 고체 생성물질로 이루어진 재 층의 두께가 증가하여 재 층을 통한 세공 확산의 저항이 증가하기 때문이다.) 입자 중심에서부터 반응 표면까지의 거리 r_c도 반응 시간 t가 증가할수록 감소하게 되므로 그림 3.2(a)와 3.2(b)의 왼쪽에 나타낸 고체 반응물질 B의 농도 이력과 오른쪽에 나타낸 기체 반응물질 A의 농도 이력도 반응 시간에 따라서 각각 변하게 된다.

예제 3-1

반응식 (3-1)에 의해서 기체 반응물질 A와 반경 R의 구형 입자로 이루어진 고체 반응물질 B 사이의 반응이 일어나고 있을 때 수축-핵심 모델을 사용하여 반응물질 B의 전화율 f_B에 도달하는데 소요되는 반응 시간 t를 결정하는 관계식을 유도하라. A와 B 사이의 반응은 A에 대해서 1차 반응 형태의 표면 반응으로 가정한다.

[풀이]

$t = t(f_B)$ 형태의 관계식을 얻기 위해서 다음의 두 가지 방법들 가운데 하나를 사용할 수 있다. 첫 번째 방법에서는, 총괄 과정에 포함된 세 가지 속도 과정들이 차례대로 직렬로 연결되어 있으므로, 각각의 과정을 독립적으로 취급하여 각 과정에 소요되는 시간을 구한 다음 그 시간들을 모두 합하여 총괄 과정에 소요되는 시간을 구하면 된다. 두 번째 방법에서는 세 가지 속도 과정들을 통합하여 얻어진 방정식 (3-5)의 단순화된 형태를 풀어서 총괄 과정에 소요되는 하나의 반응 시간을 구하고, 이 결과가 역시 각각의 개별 과정에 소요되는 시간의 합과 같다는 것을 나타내 보이면 된다. 이 문제에서 우리는 후자의 접근 방식을 사용하기로 한다. 수축-핵심 모델을 사용하는 해석의 근거는 그림 3.3에서 잘 설명되어 있듯이 기체 경막, 핵심 외부의 생성물질 (재) 층, 그리고 미반응된 B의 핵심이라는 세 가지 영역들로 구분되어 있다.

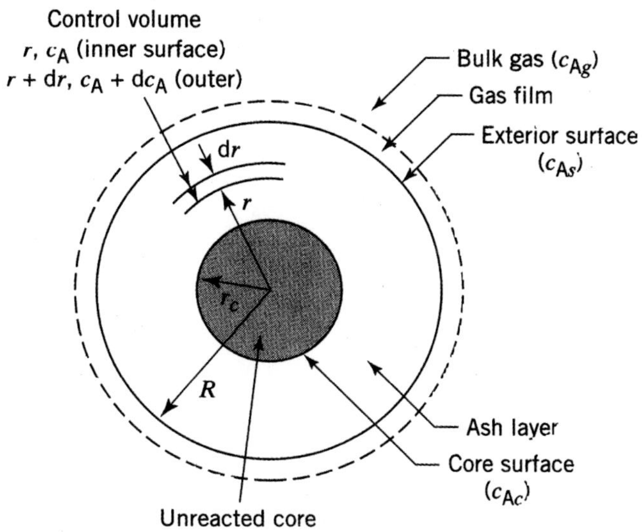

그림 3.3_ 예제 3-1에 해당되는 구형 입자

윗 그림에서 재 층에 위치한 반경 방향의 위치가 r이고 두께가 dr인 얇은 구형 껍질spherical shell의 control volume을 통한 기체 반응물질 A의 물질 수지로부터 A의 연속 방정식continuity equation을 유도하는데 사용되는 절차는, 재 층에서는 반응이 일어나지 않으므로 ($-r_A$)를 포함하는 반응 항이 없다는 것을 제외하고는, 미분 방정식 (3-5)를 유도할 때 사용된 것과 동일하다. 즉, 방정식 (3-5)로부터 반응과 관련된 항을 없애면 재 층에서 적용되는 연속 방정식을 다음과 같이 얻을 수 있다:

$$D_e[\partial^2 C_A/\partial r^2 + (2/r)(\partial C_A/\partial r)] = \partial C_A/\partial t \qquad (3\text{-}17)$$

미분 방정식 (3-17)은 재 층을 통과하는 기체 반응물질 A의 비정상 상태 확산에 대한 연속 방정식이다; A의 농도 C_A가 재 층에서의 위치 r과 반응 시간 t의 함수이므로, 즉, $C_A = C_A(r, t)$이므로 비정상 상태에 해당된다. 방정식 (3-17)을 단순화시켜 다루기 위한 한 가지 방편으로서 재 층에서의 A의 농도 구배concentration gradient가 반응 표면의 이동 속도에 비해서 매우 빠르게 형성된다고 가정한다. 이러한 가정에 의해서 재 층에서의 기체 반응물질 A의 확산을 r_c가 고정된 상태에서의 정상 상태 확산과 같이 취급할 수 있다; 즉, $C_A = C_A(r)$로 단순화시킬 수 있다.

결과적으로 편미분 방정식 (3-17)에서 $\partial C_A/\partial t = 0$가 되므로 다음과 같은 상미분 방정식으로 바뀌게 된다:

$$d^2C_A/dr^2 + (2/r)(dC_A/dr) = 0 \tag{3-18}$$

이와 같은 가정을 유사-정상-상태-근사법quasi-steady-state-approximation이라고 부르는데, 이 문제에서는 반응물질들(기체 A와 고체 B) 사이의 밀도 차가 매우 크기 때문에 유사-정상-상태-근사법에 의한 가정이 성립한다. 액체-고체 반응 계에서는 이러한 단순화 기법이 성립되지 않는다는 점을 유의할 필요가 있다.

방정식 (3-17)의 해는 다음과 같이 두 단계로 이루어진 절차에 의해서 얻어진다:

단계 (1) : 반응 시간 t와 반응 표면의 위치 r_c를 고정시키고 C_A와 r이 변수인 미분 방정식 (3-18)을 푼다. 그 결과로서 A의 flux N_A를 r_c의 함수로 나타낸 관계식을 얻을 수 있다; N_A는 또한 반응 표면 r_c에서의 반응 속도와도 관련되어 있다.

단계 (2) : 단계 (1)의 결과와 관계식 (3-7)과 (3-8)을 함께 사용하여 반응 시간 t와 미반응된 핵심의 크기 r_c사이의 관계식 $t = t(r_c)$를 얻고 이 관계식을 변형시켜서 원하는 결과인 $t = t(f_B)$를 구한다. 단계 (2)에서는 t와 r_c가 변수이다.

단계 (1)에서 미분 방정식 (3-18)을 풀기 위해서는 두 가지의 경계 조건들이 필요하다; 첫 번째 조건은 입자의 외부 표면에서 (입자 내부 방향으로의) A의 확산 속도가 기체 경막을 통한 A의 물질 전달 속도와 같다는 것이고, 두 번째 조건은 입자 내부의 미반응된 핵심 표면에서 A의 확산 속도가 A의 반응 속도와 같다는 것이다. 즉,

$$r = R\text{에서 } N_A = D_e(\partial C_A/\partial r)_{r=R} = k_{Ag}(C_{Ag} - C_{As}) \tag{3-11}$$

$$\text{또는 } C_A = C_{As} \tag{3-19}$$

$$r = r_c\text{에서 } N_A = D_e(\partial C_A/\partial r)_{r=r_c} = k_{As}C_{Ac} \tag{3-20}$$

$$\text{또는 } C_A = C_{Ac} \tag{3-21}$$

여기서 k_{As}는 반응 차수가 1차인 표면 반응의 속도 상수이고 반응 속도는 다음과 같이 표시된다:

$$(-R_A) = 4\pi r_c^2 k_{As} C_{Ac} \tag{3-22}$$

$$= 4\pi r_c^2(-r_{Ac}) \tag{3-22a}$$

여기서 입자 전체에 대한 A의 소모 속도 $(-R_A)$는 mol/s, k_{As}는 m/s, 그리고 미반응된 핵심 표면의 면적에 대해서 정규화된 A의 반응 속도 $(-r_{Ac})$는 mol/m^2 · s의 단위를 가진다. 관계식 (3-22)에서 사용될 C_{Ac}에 대한 표현을 얻기 위해서는 방정식 (3-18)을 $y = dC_A/dr$로 치환하여 풀어야 한다: y를 사용하여 치환된 방정식 (3-18)을 r에 대해서 적분하여 dC_A/dr을 구하고 이것을 r에 대해서 한번 더 적분하여 C_A를 구하는데, 경계 조건들을 사용하여 적분 상수들을 구하고 C_{As}를 소거하여 최종적으로 C_{Ac}를 구한다.

즉, y로 치환된 방정식 (3-18)을 경계 조건 (3-11)과 함께 적분하면,

$$dC_A/dr = (k_{Ag}R^2/D_e r^2)(C_{Ag} - C_{As}) \tag{A}$$

관계식 (A)를 경계 조건 (3-21)과 함께 다시 적분하면,

$$C_A = C_{Ac} + (k_{Ag}R^2/D_e)(C_{Ag} - C_{As})(1/r_c - 1/r) \tag{B}$$

경계 조건 (3-20)과 함께 관계식 (A)를 미반응된 핵심($r = r_c$)의 표면에 대해 적용시키면 C_{Ac}를 사용하여 C_{As}를 나타내는 하나의 관계식을 얻는다:

$$C_{As} = C_{Ag} - (k_{As}r_c^2/k_{Ag}R^2)C_{Ac} \tag{C}$$

유사한 방법에 의해서 경계 조건 (3-19)와 함께 관계식 (B)를 고체 입자의 외부 표면에 대해 적용시키면 C_{As}에 대한 또 다른 관계식을 얻는다:

$$C_{As} = C_{Ac} + (k_{Ag}R^2/D_e)(C_{Ag} - C_{As})(1/r_c - 1/R) \tag{D}$$

관계식 (C)와 (D)로부터 C_{As}를 소거하여 얻게 되는 C_{Ac}에 대한 결과식을 관계식 (3-22)에 대입하여 입자 전체에 대한 A의 소모 속도를 다음과 같이 구할 수 있다:

$$(-R_A) = 4\pi C_{Ag}/[1/k_{Ag}R^2 + (R - r_c)/D_e R r_c + 1/k_{As}r_c^2] \tag{3-23}$$

단계 (1)은 여기까지인데, $(-R_A)$를 고정된 r_c의 함수 형태로 나타낸 관계식을 얻게 되었다.

방정식 (3-17)의 해를 구하기 위한 절차의 다음 단계인 단계 (2)에서는 단계 (1)에서 고정되었던 미반응된 핵심 표면이 이동할 수 있도록 허용하고, 관계식 (3-6)의 첫 번째 부분을 사용하여 고체 반응물질 B에 대한 연속 방정식을 적분한다.

이러한 목적을 위해서 관계식 (3-6)을 다음과 같은 형태로 바꾸어 쓴 다음,

$$(-R_B) = -dn_B/dt = -d(\rho_{Bm}4\pi r_c^3/3)/dt = -4\pi\rho_{Bm}r_c^2dr_c/dt \qquad (3\text{-}24)$$

관계식 (3-23)과 함께 A와 B 사이의 양론 관계식인 관계식 (3-8a)에 대입하여 다음과 같은 결과식을 얻는다:

$$dt = -(\rho_{Bm}/bC_{Ag})[r_c^2/k_{Ag}R^2 + (1/D_e)(r_c - r_c^2/R) + 1/k_{As}]dr_c \qquad (3\text{-}25)$$

t와 r_c에 대한 미분 방정식의 형태를 가진 관계식 (3-25)를 $[t = 0, r_c = R]$에서부터 $[t = t, r_c = r_c]$ 까지의 구간에서 적분하면 다음과 같이 $t = t(r_c)$ 형태의 관계식을 얻을 수 있다:

$$t = (\rho_{Bm}R/bC_{Ag})\{(1/3k_{Ag})[1 - (r_c/R)^3] + (R/6D_e)[1 - 3(r_c/R)^2 + 2(r_c/R)^3]$$
$$+ (1/k_{As})[1 - (r_c/R)]\} \qquad (3\text{-}26)$$

구형 입자 내부의 미반응된 핵심($r = r_c$)의 부피와 고체 반응물질 B의 전화율 f_B 사이에는 다음과 같은 관계가 성립하므로,

$$f_B = (n_{Bo} - n_B)/n_{Bo} = 1 - (r_c/R)^3 \qquad (3\text{-}27)$$

관계식 (3-27)과 (3-26)으로부터 r_c를 소거하여 $t = t(f_B)$ 형태의 관계식으로 정리하면 다음과 같다:

$$t = (\rho_{Bm}R/bC_{Ag})\{(f_B/3k_{Ag}) + (R/6D_e)[1 - 3(1 - f_B)^{2/3} + 2(1 - f_B)]$$
$$+ (1/k_{As})[1 - (1 - f_B)^{1/3}]\} \qquad (3 - 28)$$

고체 반응물질 B로 이루어진 구형 입자가 완전히 전화할 때까지(즉, $f_B = 1$에 도달할 때 까지) 소요되는 시간을 t_1으로 표시하면 관계식 (3-28)로부터 다음과 같이 얻어진다:

$$t_1 = (\rho_{Bm}R/bC_{Ag})(1/3k_{Ag} + R/6D_e + 1/k_{As}) \qquad (3\text{-}29)$$

관계식 (3-29)에서부터 알 수 있듯이 t_1은 총괄 과정을 특징짓는 반응 속도와 관련된 매개변수로서 개별 속도 과정들을 특징짓는 세 가지 매개변수들, 즉, k_{Ag}, D_e, k_{As}와 입자의 크기 R의 영향을 모두 포함하고 있다.

관계식 (3-28)과 (3-29)에서 등식equation의 오른쪽에 있는 어떤 항(즉, 어떤 개별 속도 과정)이 다른 항들(즉, 다른 개별 속도 과정들)에 비해서 상대적으로 지배적인 경우 또는 어떤 두 개의 항들(즉, 어떤 두 개의 개별 속도 과정들)이 나머지 항(즉, 나머지 개별 속도 과정)에 비해서 지배적인 경우를 생각해 볼 필요가 있다.

예를 들어, D_e가 k_{Ag} 또는 k_{As}에 비해서 작다면 이것은 재 층을 통한 확산이 율속(혹은 속도-결정) 단계임을 의미한다. 그러할 경우 t 또는 t_1의 값은 전적으로 각 관계식의 두 번째 항에 의해서 결정되어진다. 뿐 만 아니라 각 관계식의 각 항이 각각의 개별 속도 과정과 관련되므로 총괄 과정에 소요되는 시간 t는 다음과 같이 각각의 개별 과정에 소요되는 시간의 합으로 나타낼 수 있다:

$$t = [t(\text{기체-경막 물질-전달 율속}) + t(\text{재 층 확산 율속}) + t(\text{표면-반응-속도 율속})] \quad (3\text{-}30)$$

t_1에 대해서도 관계식 (3-30)과 유사하게 나타낼 수 있다.

<u>예제 3-2</u>

예제 3-1에서 표면 반응이 율속일 경우 $t(f_B)$에 대한 관계식을 유도하고, 그 결과가 관계식 (3-28) 또는 (3-29)에서 [표면-반응 율속]의 경우에 얻어지는 결과와 같음을 확인하라.

[풀이]

그림 3.2에 나타낸 A의 농도 이력들로부터 기체 경막 또는 재 층 내에서 물질 전달 또는 확산 저항이 없다면 C_A는 기체 본체로부터 미반응된 입자 핵심의 표면에 이르기까지 일정한 값을 가진다는 것을 알 수 있다. 즉,

$$C_{Ag} = C_{As} = C_{Ac}$$

그 결과로서 관계식 (3-22)로부터 입자 전체에 대한 A의 소모 속도는 다음과 같다:

$$(-R_A) = k_{As}(4\pi r_c^2)C_{Ag}$$

이 관계식을 $(-R_B)$에 대한 관계식 (3-24)와 반응 양론에 대한 관계식 (3-8a)에 결합시키면

$$-4\pi\rho_{Bm}r_c^2(\mathrm{d}r_c/\mathrm{d}t) = bk_{As}(4\pi r_c^2)C_{Ag}$$

가 얻어진다. 이 관계식을 재배열하면

$$\mathrm{d}t = -(\rho_{Bm}/bk_{As}C_{Ag})\mathrm{d}r_c$$

위의 미분 방정식을 $[t = 0,\ r_c = R]$에서부터 $[t = t,\ r_c = r_c]$ 까지의 구간에서 적분하면 관계식 (3-27)로부터 다음과 같은 형태의 $t(f_B)$에 대한 결과식이 얻어진다:

$$t = t_1(1 - r_c/R)$$

$$= t_1[1 - (1 - f_B)^{1/3}] \quad (3\text{-}31)$$

관계식 (3-31)에서 사용된 반응 속도 관련 매개변수 t_1 (고체 입자가 완전히 반응하는데 소요되는 시간)은 다음과 같다:

$$t_1 = \rho_{Bm}R/bk_{As}C_{Ag} \quad (3\text{-}31a)$$

관계식 (3-31)과 (3-31a)에 나타낸 결과들은 관계식 (3-28)과 (3-29)로부터 표면 반응이 율속인 특별한 경우에 얻어지는 결과들과 동일하다. (왜냐 하면 표면 반응이 율속인 경우에는 $k_{As} \ll k_{Ag}$, $k_{As} \ll D_e$이기 때문이다.)

1.2.3.2 여러 가지 형상의 입자들에 대한 $t(f_B)$의 요약

예제 3-1과 3-2에서 사용된 방법들은 구형 입자와는 다른 형상의 등온 상태 입자들의 경우에 대해서도 적용될 수 있다. 표 3.1에는 구형, 원통형, 그리고 flat-plate 형상의 고체 반응물질 입자들에 대한 $t(f_B)$의 결과를 요약하였다. Flat-plate 형상의 입자는 그림 2.2(a)에 나타낸 것처럼 기체 반응물질이 한 쪽 면으로만 투과되며, 구형 입자의 미반응된 핵심의 크기인 r_c에 해당되는 변수 l은 투과성 면에서부터 떨어져 있는 미반응된 영역의 길이를 나타내며, 기체 반응물질 A의 확산과 반응에 대한 전체 경로total path의 길이는 L이다. 원통형 입자의 경우, 기호 r_c와 R은 구형 입자의 경우에서와 같은 의미를 가지며, 원통의 양쪽 끝 면으로 기체 반응물질이 투과되지 않거나 원통의 길이가 r_c 또는 R에 비해서 아주 크다고 가정한다; 따라서 원통형 입자의 길이는 $t(f_B)$의 결과에 포함되지 않는다.

표 3.1의 세 번째 기둥column에는 각각의 입자 형상에 대해서 전화율 f_B와 입자 크기의 매개변수 사이의 상관 관계를 나타내었다; 관계식 (3-27)은 이러한 상관 관계의 구형 입자의 경우에 해당된다. 비슷한 맥락에서 표 3.1의 네 번째 기둥에는 각각의 입자 형상에 대해서 소요되는 반응 시간 t와 전화율 f_B 사이의 상관 관계를 나타내었다; 관계식 (3-28)은 이러한 상관 관계의 구형 입자의 경우에 해당된다. 각각의 입자 형상과 율속 과정에 대한 t_1 값은 $f_B = 1$을 해당되는 $t(f_B)$ 관계식에 대입하여 구할 수 있다. 원통형 입자의 경우, $f_B \rightarrow 1$의 극한 영역에서 재층 확산에 해당되는 항을 계산하기 위해서는 L′Hopita′s rule에 의한 $(1 - f_B)\ln(1$

$-f_B) \rightarrow 0$의 사용이 필요하다.

〈표 3.1〉 수축-핵심 모델에 있어서 여러 가지 형상의 입자들에 대한 $t(f_B)$의 요약[1]

Particle shape	Size parameters	f_B (size parameters)	$t(f_B)$
flat plate (one face permeable)	length l (of zone unreacted) L (of particle)	$1-\frac{l}{L}$	$\frac{\rho_{Bm} L f_B}{b c_{Ag}}\left(\frac{1}{k_{Ag}}+\frac{L f_B}{2D_e}+\frac{1}{k_{As}}\right)$
cylinder (ends sealed)	radius r_c (of core unreacted) R (of particle)	$1-\left(\frac{r_c}{R}\right)^2$	$\frac{\rho_{Bm} R}{b c_{Ag}}\left\{\frac{f_B}{2k_{Ag}}+\frac{R}{4D_e}\left[f_B+(1-f_B)\ln(1-f_B)\right]+\frac{1}{k_{As}}\left[1-(1-f_B)^{1/2}\right]\right\}$
sphere	same as for cylinder	$1-\left(\frac{r_c}{R}\right)^3$	$\frac{\rho_{Bm} R}{b c_{Ag}}\left\{\frac{f_B}{3k_{Ag}}+\frac{R}{6D_e}\left[1-3(1-f_B)^{2/3}+2(1-f_B)\right]+\frac{1}{k_{As}}\left[1-(1-f_B)^{1/3}\right]\right\}$ (3-28)

1 반응식: $A(g) + bB(s) \rightarrow$ 생성물질들$[(s), (g)]$; 반응은 핵심 표면에서 A에 대해 1차 반응. 고체 입자(B): 크리(L, R)가 일정하고 등온 상태임.

1.2.3.3 개별 속도 과정의 매개변수들; 구형 입자에 대한 k_{Ag}의 추산

표 3.1에 수록된 $t(f_B)$에 대한 관계식들에서 사용된 세 가지 매개변수들 k_{Ag}, D_e, 그리고 k_{As}는 각각 특별한 상황 또는 조건 하에서 실험에 의하여 측정되어야 한다. 그러나 우리는 여기서 Ranz와 Marshall(1952)에 의해서 제시된, 구형 입자들에 대한 기체-경막 물질 전달 계수 k_{Ag}의 추산에 사용되는 상관 관계식 correlation을 고려해 보기로 한다.

반경 R의 구형 입자가 밀도와 점도가 각각 ρ와 μ인 유체에 대해서 속도 u로 자유 낙하하여 이동하고 있으며 유체 속에서 종species A의 분자 확산 계수가 D_A일 경우에 있어서 Ranz-Marshall 상관 관계식은 k_{Ag}를 포함하는 Sherwood number (Sh)를 Schmidt number(Sc)와 Reynolds number(Re)에 대해서 다음과 같이 연관시킨다:

$$\mathrm{Sh} = 2 + 0.6\,\mathrm{Sc}^{1/3}\mathrm{Re}^{1/2} \tag{3-32}$$

즉, 각각의 무차원 군dimensionless group을 해당되는 매개변수들로 나타내면,

$$2Rk_{Ag}/D_A = 2 + 0.6(\mu/\rho D_A)^{1/3}(2Ru\rho/\mu)^{1/2} \tag{3-33}$$

위의 상관 관계식은 다른 매개변수들에 대한 충분한 정보가 주어졌을 경우에 있어서 k_{Ag}의 추산에 사용될 수 있다.

주어진 유체와 고체 입자의 상대 속도 조건에서 k_{Ag}의 입자 크기를 나타내는 매개변수 R에 대한 의존성을 알아보기 위해서 관계식 (3-33)을 다음과 같이 나타낼 수 있다:

$$k_{Ag} = K_1/R + K_2/R^{1/2} \tag{3-34}$$

여기서 K_1과 K_2는 상수들이다. 관계식 (3-34)의 첫 번째 또는 두 번째 항이 나머지 항에 비해서 지배적인 두 가지의 극단적인 경우들이 존재할 수 있는데, 전자는 입자의 크기가 아주 작은 경우에 해당되고 후자는 입자의 크기가 아주 큰 경우에 해당된다. 이러한 결과들은 다음과 같이 반응 시간 $t(f_B)$를 다시 검토함으로써 분명해진다.

표 3.1(구형 입자) 또는 관계식 (3-28)과 (3-29)에서 k_{Ag}는 입자 크기 R에 관계없이 일정한 상수인 것처럼 보인다. 특정한 R값에 대해서는 이것이 유효하지만, R이 입자 크기를 나타내는 매개변수로서 여러 가지 크기로 변하는 경우에는 그러한 변화가 반응 시간 $t(f_B)$에 미치는 영향을 비교해 볼 필요가 있다. 단순한 경우를 가정해서 기체-경막을 통한 물질 전달이 율속인 경우를 생각해 보면 표 3.1에서 구형 입자의 경우,

$$t = \rho_{Bm} R f_B / 3bC_{Ag}k_{Ag} \tag{3-35}$$

그러나 관계식 (3-34)의 두 가지 극단적인 경우들을 생각해보면,

$$t = \rho_{Bm} R^2 f_B / 3bC_{Ag}K_1 \text{ (작은 입자)} \tag{3-35a}$$

$$t = \rho_{Bm} R^{3/2} f_B / 3bC_{Ag}K_2 \text{ (큰 입자)} \tag{3-35b}$$

즉, 입자 크기의 영역에 따라서 반응 시간 t의 입자 크기 R에 대한 의존성은 R^2 또는 $R^{3/2}$의 형태를 따른다.

1.3 고체 입자가 수축하는 경우

1.3.1 반응속도식 모델에 대한 일반적 고찰

반응물질 B로 이루어진 고체 입자가 기체 반응물질 A와 반응하여 기체상의 생

성물질들 만을 생성할 때 고체 입자의 거시적인 형상macroscopic shape은 유지되면서 내부의 세공성internal porosity이 증가되는 형태로 반응이 진행될 수 있다. 이러한 반응 형태의 한 예로서 탄소 입자와 수증기의 반응에 의한 활성탄activated carbon 입자의 생산을 들 수 있는데, 원래의 반응 속도는 반응 활성점의 생성 속도에 의해서 결정된다. (3절 참조) 또 다른 반응 형태로서는 A와 B 사이의 반응이 고체 입자의 외부 표면에서만 일어나기 때문에 반응이 진행됨에 따라서 입자가 점차 수축되며 B가 완전히 반응하였을 때(f_B = 1) 고체 입자가 마침내 소멸되는 것이다. 이러한 반응 형태의 한 예는 공기 또는 산소에 의한 탄소 입자의 연소, 즉, 1.1 절에서 소개된 반응 (E)가 해당된다. 이 절에서 우리는 후자의 경우를 다룰 예정인데, 이러한 형태의 반응에 대한 양론을 나타내기 위해서 반응식 (3-2)를 사용하게 된다.

고체 입자가 반응하여 기체 생성물질(들) 만을 생성하면서 입자가 수축하게 되는 경우와 고체 생성물질(들)의 층layer이 수축하는 미반응 핵심을 점차적으로 둘러싸면서 고체 입자가 일정한 크기를 유지하는 경우 사이의 중요한 차이점은 전자의 경우, 입자 내부에 고체 생성물질 또는 재 층이 없으므로 A의 재 층 확산에 대한 저항이 없다는 것이다. 따라서 반응하면서 고체 입자가 수축하는 경우에는 단지 두 개의 개별 속도 과정들, 즉, 기체-경막을 통한 A의 물질 전달과 (수축하는) 입자 외부 표면에서의 A와 B 사이의 반응 만을 고려할 필요가 있다.

1.3.2 간단한 수축-입자 모델

위에서 언급된 두 개의 개별 속도 과정들을 서로 직렬로 연결된 단계들로 간주하면 수축-핵심 모델의 경우에서 사용된 것보다 더 간단한 절차에 의해서 수축-입자 모델을 개발할 수 있다. 아래의 예제에서는 다음과 같은 가정 하에서 구형 입자에 대하여 수축-입자 모델을 다루는 절차를 나타내었다.

(1) 고체 입자는 등온 상태에서 기체상의 반응물질과 반응한다.

(2) 입자는 비세공성이므로 반응은 입자의 외부 표면에서만 일어난다.

(3) 기체 A와 고체 B 사이의 표면 반응은 기체 A의 농도에 대해 1차 반응이다.

예제 3-3

$A(g) + bB(s) \rightarrow$ 생성물질(g)로 표시되는 반응에 있어서 고체 반응물질 B로 이루어진 구형 입자의 최초 반경이 R_o이고 k_{Ag}에 대한 Ranz-Marshall 상관 관계식이 유효하다면 반응 시간 t에서의 입자 반경이 R이라고 했을 때 반응 시간과 B의 전화율 사이의 관계식 $t(f_B)$ 를 구하라.

[풀이]

A의 소모 속도 $(-R_A)$는 기체-경막을 통한 물질 전달 속도와 입자 외부 표면에서의 반응 속도에 의하여 다음과 같이 각각 독립적으로 나타낼 수 있다:

$$(-R_A) = k_{Ag} 4\pi R^2 (C_{Ag} - C_{As}) \tag{3-36}$$

$$(-R_A) = k_{As} 4\pi R^2 C_{As} \tag{3-37}$$

B의 소모 속도 $(-R_B)$는 관계식 (3-24)에 의해서 다음과 같이 나타낼 수 있다:

$$(-R_B) = -4\pi \rho_{Bm} R^2 (\mathrm{d}R/\mathrm{d}t) \tag{3-38}$$

그리고 $(-R_A)$와 $(-R_B)$는 반응 양론에 의해서 다음과 같은 관계를 가진다:

$$(-R_B) = b(-R_A) \tag{3-8a}$$

위에 나타낸 네 개의 관계식들로부터 $(-R_A)$, $(-R_B)$ 그리고 C_{As}를 소거하여 $\mathrm{d}R/\mathrm{d}t$를 포함하는 미분 방정식을 얻은 후 적분하면 원하는 관계식 $t(f_B)$를 얻을 수 있다. $\mathrm{d}R/\mathrm{d}t$에 대한 관계식은

$$\mathrm{d}R/\mathrm{d}t = (bC_{Ag}/\rho_{Bm})/(1/k_{Ag} + 1/k_{As}) \tag{3-39}$$

이 미분 방정식을 $[t = 0, R = R_o]$에서부터 $[t = t, R = R]$ 까지의 구간에서 적분하면 다음과 같은 관계식을 얻을 수 있다:

$$t = -(\rho_{Bm}/bC_{Ag})\int_{R_o}^{R} (1/k_{Ag} + 1/k_{As})\mathrm{d}R \tag{3-40}$$

관계식 (3-34)에 의한 k_{Ag}를 윗 식에 대입하면,

$$t = (\rho_{Bm}/bC_{Ag})\int_{R_o}^{R} [(K_1/R + K_2/R^{1/2})^{-1} + 1/k_{As}]\mathrm{d}R \tag{3-40a}$$

문제를 단순하게 만들기 위하여 우리는 1.2.3.3절에서 소개된 바와 같이 관계식 (3-34)의 두 가지 극한적 경우들($K_2/R^{1/2}$ 또는 K_1/R이 무시될 수 있는 경우들)에 대한 결과들을 고려하기로 한다.

작은 크기의 입자들의 경우, $K_2/R^{1/2}$ 항을 무시한 상태에서 관계식 (3-40a)를 적분하면,

$$t = (\rho_{Bm}R_O/bC_{Ag})\{(R_O/2K_1)[1 - (R/R_O)^2] + [1 - (R/R_O)]/k_{As}\} \quad (3\text{-}41)$$

구형 입자의 경우 다음과 같은 관계가 성립되므로

$$f_B = 1 - (R/R_O)^3 \quad (3\text{-}42)$$

관계식 (3-42)를 관계식 (3-41)에 대입하면 다음과 같은 $t(f_B)$의 관계식이 얻어진다:

$$t = (\rho_{Bm}R_O/bC_{Ag})\{(R_O/2K_1)[1 - (1 - f_B)^{2/3}] + [1 - (1 - f_B)^{1/3}]/k_{As}\} \quad (3\text{-}43)$$

B가 완전히 전화되는데 소요되는 시간 t_1은 관계식 (3-43)에 ($f_B = 1$)을 대입시켜서

$$t_1 = (\rho_{Bm}R_O/bC_{Ag})(R_O/2K_1 + 1/k_{As}) \quad (3\text{-}44)$$

큰 크기의 입자들의 경우, K_1/R 항을 무시한 상태에서 관계식 (3-40a)를 적분하면,

$$t = (\rho_{Bm}R_O/bC_{Ag})\{(2R_O^{1/2}/3K_2)[1 - (R/R_O)^{3/2}] + [1 - (R/R_O)]/k_{As}\} \quad (3\text{-}45)$$

관계식 (3-42)를 관계식 (3-45)에 대입하면,

$$t = (\rho_{Bm}R_O/bC_{Ag})\{(2R_O^{1/2}/3K_2)[1 - (1 - f_B)^{1/2}] + [1 - (1 - f_B)^{1/3}]/k_{As}\} \quad (3\text{-}46)$$

또한 ($f_B = 1$)을 관계식 (3-46)에 대입하면,

$$t_1 = (\rho_{Bm}R_O/bC_{Ag})(2R_O^{1/2}/3K_2 + 1/k_{As}) \quad (3\text{-}47)$$

기체-경막을 통한 물질 전달 율속과 표면-반응 율속의 두 가지 특별한 경우들에 해당되는 $t(f_B)$와 t_1에 대한 관계식들은 위의 관계식 (3-43), (3-44), (3-46) 그리고 (3-47)로부터 얻을 수 있다. 표면-반응 율속의 경우에 얻어지는 결과들은 수축-핵심 모델에 있어서 표면-반응 율속의 경우에 얻어진 결과들(표 3.1에서 구형 입자에 대한 관계식 참조)과 같은 형태이다; 단, 수축-핵심 모델에서의 일정한 R과 변하는 r_c가 수축-입자 모델에서 R_O와 변하는 R 로 각각 치환된다.

2. 기체-액체 계

2.1 기체-액체 반응 계의 예

기체-액체 반응계는 반응의 목적에 따라서 다음과 같은 두 가지 관점들 가운데 하나로서 고려되어야 한다: (1) 분리 공정 또는 (2) 반응 공정.

관점 (1)의 경우, 반응의 목적이 기체 흐름으로부터 원하지 않는 물질을 제거하는데 있다. 이런 맥락에서 분리 공정에 포함되는 반응 과정은 흔히 "반응이 동반되는 기체 흡수"라고 칭한다. 그 예로서 기체 흐름과 에탄올아민ethanolamine 수용액을 접촉시켜 기체 흐름으로부터 황화수소(H_2S) 또는 이산화탄소(CO_2)를 제거하는 다음과 같은 반응들을 들 수 있다:

$$H_2S(g) + HOCH_2CH_2NH_2(MEA, l) \rightarrow HS^- + HOCH_2CH_2NH_3^+ \quad \text{(A)}$$

$$CO_2(g) + 2(HOCH_2CH_2)_2NH(DEA, l)$$
$$\rightarrow (HOCH_2CH_2)_2NCOO^- + (HOCH_2CH_2)_2NH_2^+ \quad \text{(B)}$$

여기서 MEA와 DEA는 각각 monoethanolamine과 diethanolamine의 약자이다.

관점 (2)의 경우, 반응의 목적은 원하는 생성물질을 얻는데 있다. 그 예로서 질산, 페놀, 그리고 나일론 66을 제조하는 다음과 같은 반응들을 들 수 있다:

$$3NO_2(g) + H_2O(l) \rightarrow 2HNO_3(l) + NO(g) \quad \text{(C)}$$

$$C_7H_8(l) + (3/2)O_2(g) \rightarrow C_6H_5COOH + H_2O$$
$$C_6H_5COOH + (1/2)O_2 \rightarrow C_6H_5OH + CO_2 \quad \text{(D)}$$

$$C_6H_{12}(l) + O_2(g) \rightarrow \text{adipic acid} \quad \text{(E)}$$

이 절에서는 이러한 기체-액체 반응 계의 반응 모델들과 반응 속도를 다루고자 하며, 그러기 위해서는 기체-액체 물질 전달과 화학 반응을 동시에 고려하여야 한다.

기체-고체 반응의 경우들과 유사하게 반응 모델에 사용되는 기체-액체 반응의 양론을 다음과 같이 나타낼 수 있다:

$$A(g) + bB(l) \rightarrow \text{생성물질들} \quad (3\text{-}48)$$

여기서 B(*l*)은 순수한 액체 B, 또는 보다 일반적인 의미에서는 액체 용매에 용해된 B를 가리킨다. 또한 B(*l*)은 비휘발성이라고 가정한다; 즉, 반응물질 A가 기체 상과 액체 상에서 모두 존재하는 반면, 반응물질 B는 액체 상에서만 존재한다. 이러한 가정에 근거하여 화학 반응이 액체 상에서만 일어나는 것으로 간주하고 기체-액체 반응 계의 반응 모델들과 반응 속도를 다음과 같은 순서에 의해 다룰 예정이다:

(1) 먼저, 화학 반응을 배제시킨 상태에서 기체-액체 물질 전달에 대한 이중-경막two-film 모델을 2.2절에서 검토하고,

(2) 2.3절에서는 화학 반응을 포함시켜서 물질 전달 과정과 액체상 반응 과정이 총괄 반응 속도에 미치는 영향을 고려한다.

2.2 기체-액체 계에 대한 이중-경막 물질 전달 모델

기체 상의 종species A가 기체 본체로부터 액체 본체로 이동하는 경우를 생각해 보자; 물질 이동은 두 상 사이의 A의 화학 포텐셜chemical potential 차이 때문에 일어나며, A는 액체 속에서 충분한 크기의 용해도를 가진다고 가정한다. 이러한 화학 포텐셜 차이는 두 상에서의 A의 농도 차이로서 나타난다. 기체 상과 액체 상이 서로 접촉하는 기체-액체 계 내부의 모든 지점들에서 상 간의 계면interface이 존재한다. 이중-경막 모델(Lewis and Whitman, 1924)은 그림 3.4에 나타낸 것처럼 이러한 계면의 한 쪽에는 정지 상태의stagnant 기체-경막이 존재하고 다른 쪽에는 정지 상태의 액체 경막이 존재한다는 가설에 근거를 두고 있다. 기체 상에서의 A의 농도는 분압 p_A으로 나타내고, 액체 상에서의 A의 농도는 C_A로 나타낸다. 하첨자 i는 기체-액체 계면에서의 조건들을 나타내며 δ_g와 δ_l은 기체와 액체 경막들의 두께를 각각 나타낸다. 계면은 실제로 존재하지만 이중-경막은 가상적인 것들이므로 그림 3.4에서 파선dashed line으로 나타내었으며 경막들의 두께는 알려져 있지 않다.

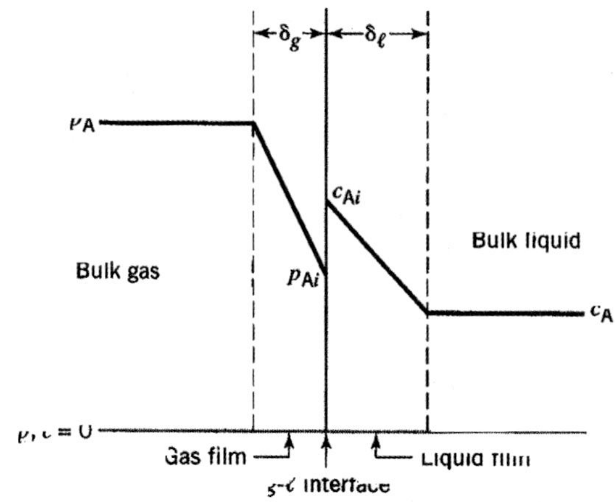

그림 3.4_ 화학 반응이 없는 상태에서 일어나는 [기체 상 → 액체 상]의 A의 물질 전달에 대한 이중-경막 모델 (A의 농도 이력들)

이중-경막 모델에서 사용되는 가정들은 다음과 같다:

(1) 이중-경막 모델은 정상-상태steady-state 모델이다; 즉, 그림 3.4에 나타낸 농도 이력들은 순간적으로 이루어지며 시간이 경과해도 변하지 않는다.

(2) 정지 상태에 있는 기체 경막을 통한 A의 이동은 확산 계수 D_{Ag}로 나타내어지는 분자 확산을 따른다. 정상-상태에서 계면의 단위 면적 당 A의 이동 속도 N_A는 관계식 (2-4)의 Fick's law에 의해서 다음과 같은 적분 형태로 나타낼 수 있다:

$$N_A = D_{Ag}(p_A - p_{Ai})/RT\delta_g \tag{3-49}$$

$$= k_{Ag}(p_A - p_{Ai}) \tag{3-50}$$

여기서 N_A는 A의 몰molar flux로서 SI 단위계의 경우 $mol/m^2 \cdot s$로 나타내어지고, k_{Ag}는 경막의 두께가 알려져 있지 않다는 사실을 감안하여 다음과 같이 정의되는 기체-경막 물질 전달 계수이다:

$$k_{Ag} = D_{Ag}/RT\delta_g \tag{3-51}$$

(3) 기체 경막을 통한 이동과 유사하게 액체 경막을 통한 A의 이동은 확산 계수 D_{Al}로 나타내어지는 분자 확산을 따른다. 정상-상태에서 계면의 단위 면적 당 A의 이동 속도 N_A는 관계식 (3-49), (3-50)과 유사하게 다음과 같은

적분 형태로 나타낼 수 있다:

$$N_A = D_{Al}(C_{Ai} - C_A)/\delta l \tag{3-52}$$

$$= k_{Al}(C_{Ai} - C_A) \tag{3-53}$$

여기서 액체-경막 물질 전달 계수 k_{Al}은 관계식 (3-51)과 유사하게 다음과 같이 정의된다:

$$k_{Al} = D_{Al}/\delta l \tag{3-54}$$

(4) 기체-액체 계면에서는 물질 전달에 대한 저항이 없으므로 A의 기체 상 분압과 액체상 농도 사이에 평형equilibrium이 존재한다. 평형 관계식을 Henry's law에 의하여 나타내면 다음과 같다:

$$p_{Ai} = H_A C_{Ai} \tag{3-55}$$

여기서 HA 는 종 A의 Henry's law 상수이다.

관계식 (3-50)과 (3-53)에 의하여 나타낸 A의 물질 전달 속도는 총괄overall 물질 전달 계수 K_{Ag}와 K_{Al}을 사용하여 또한 다음과 같이 나타낼 수 있다:

$$N_A = K_{Ag}(p_A - p_A^*) \tag{3-56}$$

$$= K_{Al}(C_A^* - C_A) \tag{3-57}$$

여기서 p_A^*는 액체 상의 농도 C_A와 평형을 이루는 A의 (가상적인) 분압이다:

$$p_A^* = H_A C_A \tag{3-58}$$

같은 맥락에서 C_A^*는 기체 상의 분압 p_A와 평형을 이루는 A의 (가상적인) 액체 상의 농도이다:

$$p_A = H_A C_A^* \tag{3-59}$$

총괄 물질 전달 계수 K_{Ag}와 K_{Al}은 개별individual 물질 전달 계수 k_{Ag}와 k_{Al}에 대하여 각각 다음과 같이 연관된다:

먼저 관계식 (3-50), (3-53), 그리고 (3-56)으로부터

$$1/K_{Ag} = 1/k_{Ag} + H_A/k_{Al} \tag{3-60}$$

그리고 관계식 (3-50), (3-53), 그리고 (3-57)로부터

$$1/K_{Al} = 1/H_A k_{Ag} + 1/k_{Al} \tag{3-61}$$

관계식 (3-60)과 (3-61)은 물질 전달에 대한 총괄 저항(관계식의 왼쪽 항)이 기체-경막 저항과 액체-경막 저항의 합(관계식의 오른쪽 항들의 합)과 같다는 것을

나타내 보이고 있다. (각각의 물질 전달 계수는 전기의 개념에서 conductance에 해당되고 그 역수는 resistance에 해당된다.) k_{Ag}와 k_{Al}의 상대적인 크기에 따라서 관계식 (3-60)과 (3-61)의 특별한 경우들을 고려할 필요가 있다. 예를 들어, 관계식 (3-60)에서 k_{Ag}가 상대적으로 커서 $1/k_{Ag} \ll H_A/k_{Al}$이면 K_{Ag}와 N_A는 전적으로 k_{Al}에 의해서 결정되며 "액체-경막 율속' 의 상황에 해당된다. 이러한 경우의 중요한 한 가지 예는 기체 상이 순수한 A로 이루어져 있어 A가 확산되어 통과할 기체 경막이 없기 때문에 $k_{Ag} \rightarrow \infty$인 상황이다. 이와 반대의 상황은 관계식 (3-61)에서 k_{Ai}이 상대적으로 커서 $1/k_{Al} \ll 1/H_Ak_{Ag}$이면 K_{Al}과 N_A는 전적으로 k_{Ag}에 의해 결정되며 "기체-경막 율속" 의 상황에 해당된다. 그 어떤 경우의 율속 상황에 대해서 다음과 같은 결과를 얻을 수 있다:

$$N_A = k_{Al}(p_A/H_A - C_A) \text{ ; 액체-경막 율속} \tag{3-62}$$

$$N_A = k_{Ag}(p_A - H_AC_A) \text{ ; 기체-경막 율속} \tag{3-63}$$

2.3 이중-경막 모델에 있어서 반응 영역들

2.3.1 화학 반응이 일어나는 위치에 따른 구분

이 절에서 반응식 (3-48)에 의하여 나타내어지는 기체-액체 반응 계에 대한 반응 속도식은 모두 이중-경막 모델에 근거하고 있다. 액체 상의 반응물질 B가 비휘발성이므로 반응이 일어나기 위해서는 기체 상의 반응물질 A가 물질 전달에 의해서 액체 상으로 들어가야 하며(그림 3.4 참조), 그럴 경우 A와 B 사이의 반응이 액체 상 내부의 어떤 "위치" 에서 일어나게 된다. 그림 3.4에 나타낸 것처럼 반응은 두 군데의 위치에서 일어날 수 있다: 액체 경막과 액체 본체bulk liquid가 바로 그 위치들에 해당된다. 만일 A의 물질 전달 속도가 반응 속도에 비해서 상대적으로 빠르면 A는 B와 반응하기 전에 액체 본체에 도달하게 된다. 그와는 반대로, 상대적으로 빠른(극단적으로는 "순간적인instantaneous") 반응 속도의 경우 A는 미처 액체 본체에 도달하기 전에 액체 경막에서 B와 반응하게 된다. 이 두 경우들의 중간에 해당되는 경우도 일어날 수 있으므로, 우리는 먼저 반응의 영역을 다음과 같이 세 가지로 구분하기로 한다:

(1) 반응이 액체 본체에서만 일어나는 경우;

(2) 반응이 액체 경막에서만 일어나는 경우;

(3) 반응이 액체 경막과 액체 본체에서 모두 일어나는 경우.

위의 경우들을 다루는 과정에서 물질 전달과 화학 반응을 모두 고려하여 최대한으로 해석적이거나 또는 근사적으로 해석적인 형태의 총괄 반응 속도에 대한 표현들을 얻을 예정이다. 지금부터의 반응 속도에 대한 고찰 과정에서 세 가지 종류의 속도 값들을 구별하는 것이 필요하다. 먼저, 기체 경막 그리고/또는 액체 경막을 통한 A의 몰 flux(단위는 $mol/m^2 \cdot s$)를 나타내기 위하여 기호 N_A를 사용한다; 반응이 액체 경막에서 일어날 경우 N_A는 반응 효과(A의 손실)를 포함하게 된다. 계면의 단위 면적 당 반응 속도를 나타내기 위하여 기호 $(-r_A)$를 사용하는데, $(-r_A)$ 와 N_A의 단위가 서로 동일하지만 그 값들은 위에서 반응 영역에 따라 구분된 경우 (1)과 (2)에서만 서로 동일하다. 경우 (3)에서는 $(-r_A)$ 와 N_A의 값들이 서로 다른데, 그 이유는 반응이 액체 경막 뿐 만 아니라 (flux가 없는) 액체 본체에서도 일어나기 때문이다. 또한, 경우 (3)에서는 기체-액체 계면에서 액체 경막으로 이동하는 A의 flux $N_A(z = 0)$와 액체 경막으로부터 액체 본체로 이동하는 A의 flux $N_A(z = 1)$를 구별하여야 한다; 여기서 z는 기체-액체 계면으로부터 액체 경막으로의 상대적인 거리를 의미하며, 이 두 flux들은 액체 경막 안에서의 반응에 의한 A의 손실 때문에 서로 다르다. 구별해야 할 세 번째 속도 값은 기호 $(-r_A)_{int}$로서 단위는 $mol/m^3 \cdot s$인데, 액체 본체에서 액체의 단위 체적 당 원래의intrinsic 반응 속도를 나타낸다. $(-r_A)$ 와 $(-r_A)_{int}$ 사이의 상관 관계를 아래의 관계식 (3-64)에 나타내었다.

2.3.2 반응이 액체 본체에서만 일어나는 경우; 상대적으로 느린 화학 반응

화학 반응이 액체 본체에서만 일어나고 기체 경막과 액체 경막을 통한 A의 물질 전달 저항이 무시할 수 없는 크기라면, 이중-경막 모델에 의한 A와 B의 농도 이력들은 그림 3.5와 같을 것이다; 이 그림은 C_B에 대해서 수평선 모양의 농도 이력이 추가된 것을 제외하고는 그림 3.4와 본질적으로 동일하다.

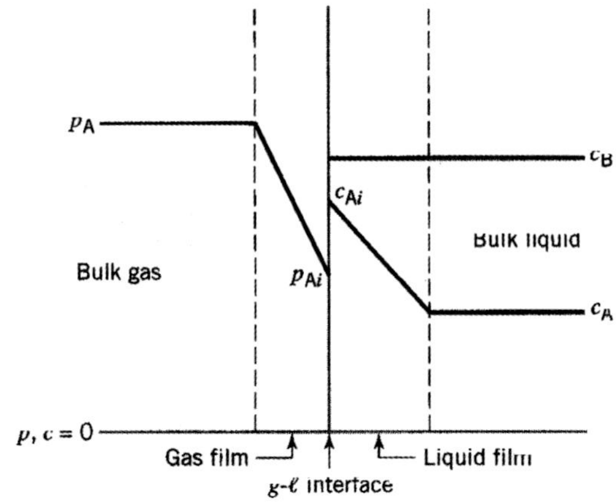

그림 3.5_ 상대적으로 느린 반응 [A(*g*) + *b*B(*l*) → 생성물질들]에 대한 이중-경막 모델

화학 반응은 원래 2차 반응(각각의 반응물질에 대해서 1차 반응)이라고 가정하면,

$$N_A = (-r_A) = (-r_A)_{int}/a_i = (k_A/a_i)C_AC_B = k_A'C_AC_B \tag{3-64}$$

여기서 $(-r_A)$와 $(-r_A)_{int}$를 연관시키기 위해서 액체의 단위 체적 당 기체-액체 계면의 면적 a_i를 도입하였는데, 단위는 m^2(계면)/m^3(액체)에 해당된다. 반응 계는 일반적으로 C_A와 C_B 대신 p_A와 C_B에 의해서 나타내므로 관계식 (3-64)를 보다 더 유용한 형태로 바꾸기 위해서는 C_A를 소거하여 p_A로 나타내는 것이 필요하다.

이 절에서 고려되어야 할 세 가지의 개별 속도 과정들은 다음과 같으며, 이 과정들은 서로 직렬로 연결되어 있다:

(1) 기체 경막을 통한 A의 물질 전달;

(2) 액체 경막을 통한 A의 물질 전달;

(3) 액체 본체에서 A와 B 사이의 반응.

정상-상태의 물질 전달 속도 NA 또는 반응 속도 $(-r_A)$는 관계식 (3-50), (3-53) 그리고 (3-64)에 의해서 독립적으로 주어지고, 고려되어야 할 네 번째 관계식은 Henry's law에 의한 p_{Ai}와 C_{Ai} 사이의 평형 관계를 나타내는 관계식 (3-55)이다. 네 개의 관계식들을 동시에 풀어서 C_{Ai}, p_{Ai}, 그리고 C_A를 소거하면 다음과 같이 $(-r_A)$에 대한 결과식을 얻을 수 있다:

$$(-r_A) = p_A/(1/k_{Ag} + H_A/k_{Al} + H_A/k_A{}'C_B) \qquad (3\text{-}65)$$

분모에서의 합summation은 직렬로 연결된 세 가지 개별 속도 과정들의 저항의 합을 나타낸다. 관계식 (3-64)와 (3-65)로부터 C_A를 p_A와 C_B에 의해서 다음과 같이 나타낼 수 있다.

$$C_A = p_A/[k_A{}'C_B(1/k_{Ag} + {}_A/k_{Al}) + H_A] \qquad (3\text{-}65a)$$

관계식 (3-65)에서 두 개의 물질 전달과 관련된 저항들과 반응과 관련된 저항의 상대적인 크기에 따라서 반응 속도의 율속rate-control에 대한 세 가지의 특별한 경우들이 일어난다. 극단적으로, 모든 물질 전달 저항들이 무시할 수 있는 크기일 경우 총괄 반응 속도는 균일상의homogeneous 액체 상liquid-phase 반응 속도 $(-r_A)_{int} = k_A C_A C_B$와 같아지게 된다.

만일 액체 상 반응이 반응물질 A에 대해서 유사적으로 1차 반응이면(즉, C_B가 일정하며 $\gg C_A$이면), 반응 속도는 다음과 같이 A에 대해서 유사적으로 1차 반응의 형태를 가진다:

$$(-r_A) = (-r_A)_{int}/a_i = (k_A{}'C_B)C_A = k_A{}''C_A \qquad (3\text{-}64a)$$

여기서 $k_A{}'' = k_A{}'C_B = k_A C_B/a_i$이다. 이 경우에 있어서 관계식 (3-65)와 (3-65a)에서 $k_A{}'C_B$를 $k_A{}''$으로 치환하면 총괄 반응 속도를 구할 수 있다.

2.3.3 반응이 액체-경막에서만 일어나는 경우; 상대적으로 빠른 화학 반응

2.3.3.1 순간적으로 일어나는 반응

A와 B 사이의 반응 속도가 아주 커서 반응이 순간적으로 일어나는 경우 A와 B는 액체 상의 그 어느 곳에서도 서로 공존할 수 없다. 반응은 액체 경막 내부의 어느 지점에서 일어나며 그 지점의 위치는 A와 B의 농도와 확산계수의 상대적인 크기에 의해서 결정된다. 이 지점은 그림 3.6에 나타낸 "반응 면"에 해당되는데, 이 지점에서 C_A와 C_B는 모두 영zero이 된다. 전체적인 과정은 물질-전달 율속인데, A는 기체 본체로부터 이동하여 기체 경막을 통과하고 그 다음에는 두께 δ인 액체 경막의 일부분을 확산에 의해 통과하여 반응 면에 도달하고 B는 액체 본체로부터 확산에 의해 두께 $(\delta_l - \delta)$인 액체 경막의 나머지 부분을 통과하여 반응 면에 도달하게 된다.

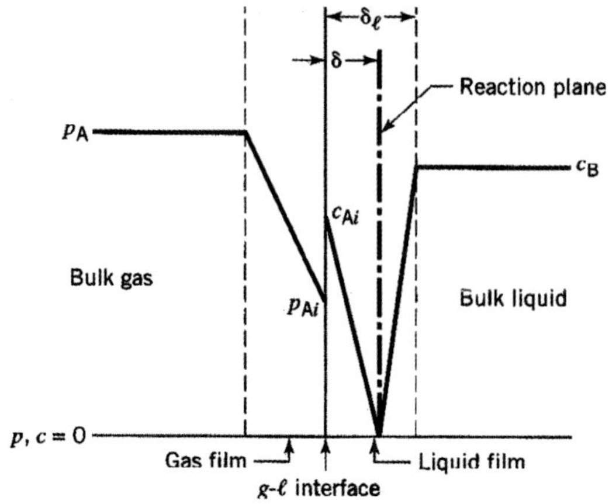

그림 3.6_ 순간적으로 빠른 반응 [A(g) + bB(l) → 생성물질들]에 대한 이중-경막 모델

이 절에서 고려되어야 할 세 가지의 확산 단계들은 서로 직렬로 연결된 과정들로 다룰 수 있으며, 확산 속도들은 각각 다음과 같이 나타낼 수 있다:

$$N_A = k_{Ag}(p_A - p_{Ai}) \tag{3-50}$$

$$N_A = (D_{Al}/\delta)(C_{Ai} - 0) = (\delta_l/\delta)k_{Al}C_{Ai} \tag{3-66}$$

$$N_B = [D_{Bl}/(\delta_l - \delta)](C_B - 0) = [\delta_l/(\delta_l - \delta)]k_{Bl}C_B \tag{3-67}$$

관계식 (3-66)의 첫 번째 부분은 두께 δ인 액체 경막의 일부분에 있어서 관계식 (3-52)와 같이 Fick's law의 적분된 형태에 해당되고, 두 번째 부분은 여기에 관계식 (3-54)를 대입시킨 결과이다. 관계식 (3-67)은 비슷한 절차를 반응물질 B에 적용시킨 결과이다. 확산 속도 N_A와 N_B는 반응 양론에 의해서 다음과 같은 관계를 가지며,

$$N_B = bN_A \tag{3-67a}$$

A의 농도 p_{Ai}와 C_{Ai}는 Henry's law에 의해서 다음과 같은 관계를 가진다:

$$p_{Ai} = H_AC_{Ai} \tag{3-55}$$

마지막으로, 관계식 (3-54)에 의해서 액체-상의 확산계수들과 물질 전달 계수들은 다음과 같은 관계를 가진다:

$$k_{Al}/k_{Bl} = D_{Al}/D_{Bl} \tag{3-68}$$

위에서 유도된 여섯 개의 관계식들은 p_{Ai}, C_{Ai}, N_B, k_{Bl} 그리고 δ_l/δ을 소거하는

방법에 의해 N_A에 대하여 풀 수 있는데, 결과적으로 다음과 같이 $(-r_A) \equiv N_A$ 형태의 반응 속도를 얻을 수 있다:

$$N_A \equiv (-r_A) = [p_A + (D_{Bl}H_A/D_{Al}b)C_B]/(1/k_{Ag} + H_A/k_{Al}) \qquad (3\text{-}69)$$

또한 관계식 (3-60)과 (3-61)에 의해서 정의된 총괄 물질 전달 계수 K_{Ag}와 K_{Al}를 사용하면 관계식 (3-69)는 다음과 같이 나타낼 수도 있다:

$$(-r_A) = K_{Ag}[p_A + (D_{Bl}H_A/D_{Al}b)C_B] \qquad (3\text{-}69a)$$

$$= K_{Al}[p_A/H_A + (D_{Bl}/D_{Al}b)C_B] \qquad (3\text{-}69b)$$

화학 반응이 없이 물질 전달 만이 고려된 경우(2.2절 참조)와 비슷한 맥락에서 관계식 (3-69), (3-69a) 또는 (3-69b)의 두 가지 극단적인 경우들은 기체-경막 율속과 액체-경막 율속이다. 전자의 경우는 반응 면의 위치(그림 3.6에서 기체-액체 계면으로부터 거리 δ만큼 떨어져 있음)와 거기에 해당되는 C_B의 값에 영향을 미친다. 이러한 점들은 다음의 두 예제들을 다루는 과정에서 더 소개될 예정이다.

예제 3-4

기체-경막 율속의 경우 관계식 (3-69)가 어떤 형태로 바뀌는가? 또한 반응 면의 위치(δ값)와 C_B의 값에 미치는 영향을 설명하라.

[풀이]

그림 3.6에서, 기체-액체 계면으로부터 거리 δ만큼 떨어져 있는 반응 면의 위치는 어떤 특정한 C_B값에 대해서 나타낸 것이다. 매개 변수로서 C_B가 변하면 반응 면의 위치도 따라서 변하는데, C_B가 증가하면 δ는 감소한다. 이러한 변화 추이는 그림 3.6으로부터 직관적으로 파악될 수 있거나 관계식 (3-67), (3-67a) 그리고 (3-69a)로부터 수학적으로 파악될 수 있다. 이 관계식들로부터 N_A와 N_B를 소거하면 다음과 같이 δ와 C_B 사이의 관계를 얻을 수 있다:

$$\delta = \delta_l - D_{Al}D_{Bl}C_B/[K_{Ag}(D_{Al}bp_A + D_{Bl}H_AC_B)] \qquad (A)$$

관계식 (A)로부터 $(\partial\delta/\partial C_B)$를 구하면,

$$(\partial\delta/\partial C_B) = -D_{Al}^2D_{Bl}bp_A/[K_{Ag}(D_{Al}bp_A + D_{Bl}H_AC_B^2] < 0 \qquad (B)$$

즉, C_B가 증가하면 δ는 감소한다. 반응물질 B가 비휘발성인 관계로 인하여 반응 면이 기체 경막 내부에는 존재할 수 없으며, δ가 가질 수 있는 최소 값은 0이다.

이 경우 반응 면이 기체-액체 계면과 겹치게 되며 p_{Ai}, C_{Ai} 그리고 계면에서의 C_B가 모두 0이 된다. 결론적으로, 반응물질 A가 액체 경막을 침투하지 못하므로 이 경우는 기체-경막 율속에 해당된다.

액체 본체에서의 C_B 값은 반응 속도에 영향을 미칠 수 있는 C_B의 가장 큰 값으로서 $C_{B,max}$로 표시될 수 있다. 관계식 (3-54)로부터 $\delta l = D_{Al}/k_{Al}$이며 기체-경막 율속에 있어서 δ의 최소 값은 0이므로 관계식 (A)로부터

$$C_{B,max} = K_{Ag}D_{Al}bp_A/[D_{Bl}(k_{Al} - K_{Ag}H_A)] \qquad (3\text{-}70)$$

또한 기체-경막 율속의 조건에서 관계식 (3-60)으로부터 $1/k_{Ag} \gg H_A/k_{Al}$ 또는 $k_{Al} \gg H_Ak_{Ag}$이면 관계식 (3-68)로부터 $k_{Al}D_{Bl}/D_{Al} = k_{Bl}$에 의해서 $K_{Ag} = k_{Ag}$이므로,

$$C_{B,max} = k_{Ag}bp_A/k_{Bl} \qquad (3\text{-}70a)$$

기체-경막 율속에 해당되는 반응 속도 $(-r_A)$를 구하기 위해서는 관계식 (3-70a)에서 나타낸 $C_{B,max}$를 관계식 (3-69)에 대입하고 관계식 (3-68)과 함께 $k_{Al} \gg H_Ak_{Ag}$를 다시 사용함으로써,

$$(-r_A) = k_{Ag}p_A \; ; \; C_B \geq C_{B,max} \qquad (3\text{-}71)$$

즉, $C_B \geq C_{B,max}$이면 $(-r_A)$는 p_A에만 의존하게 된다.

이러한 결과는 관계식 (3-69)에서 나타낸 반응 속도 $(-r_A)$의 사용을 복잡하게 만든다; $C_B \leq C_{B,max}$이면 관계식 (3-69)가 적용되지만, 보다 더 큰 C_B값들 (즉, $C_B \geq C_{B,max}$)에 대해서는 관계식 (3-71)이 적용된다.

예제 3-5

액체-경막 율속의 경우 관계식 (3-69)가 어떤 형태로 바뀌는가?

[풀이]

액체-경막 율속의 경우 A의 물질 전달에 대한 기체-상의 저항이 존재하지 않는다. 따라서 관계식 (3-61)에서 $1/k_{Al} \gg 1/H_Ak_{Ag}$이고 $K_{Al} = k_{Al}$이므로 관계식 (3-69b)는 다음과 같이 바뀌 쓸 수 있다:

$$(-r_A) = [1 + (D_{Bl}H_A/D_{Al}b)(C_B/p_A)](k_{Al}p_A/H_A) \qquad (3\text{-}72)$$

2.3.3.2 빠른 반응

화학 반응이 순간적으로 일어날 만큼 빠르지는 않더라도 충분히 빠를 경우, 반응이 액체-경막 내부의 어떤 지점 (즉, 반응 면)에서가 아니라 액체-경막 내부의 전체 영역에서 일어날 수 있다. 이러한 경우는 2.3.4절에서 다루게 될 액체 본체와 액체-경막 모두에서 일어나는 반응의 특별한 경우로서 여겨질 수 있다. 이 경우 $N_A \equiv (-r_A)$ 가 성립된다.

2.3.3.3 향상성 인자enhancement factor E

액체-경막에서만 일어나는 반응의 경우, 반응이 순간적으로 일어나거나 충분히 빠르거나 간에, 반응속도식은 액체 내부에서 반응물질 A가 반응 없이 물리적으로 흡수되는 속도에 비해서 반응 속도가 상대적으로 향상되는 정도를 측정하는 인자를 사용하여 다른 방법으로 나타내어 질 수 있다. 액체-경막에서만 일어나는 반응에 대해서는 액체-경막 내부의 어떤 지점에서 $C_A \rightarrow 0$이므로, 향상성 인자 E가 다음과 같이 정의된다:

E = (A의 반응 속도 또는 확산 flux)/(액체-경막을 통한 A의 물질 전달의 최대 속도) $= (-r_A)/k_{Al}(C_{Ai} - C_A) = (-r_A)/k_{Al}C_{Ai}$ (3-73)

여기서 물질 전달의 최대 속도는 액체-경막 내부에서 $C_A = 0$에 해당되는 경우이다.

즉, 향상성 인자 E를 사용하여 반응속도식을 나타내면,

$$(-r_A) = k_{Al}EC_{Ai} \tag{3-73a}$$

관계식 (3-50)과 (3-55)를 사용하여 기체-액체 계면에서의 농도 C_{Ai}를 소거하면,

$$(-r_A) = p_A/(1/k_{Ag} + H_A/k_{Al}E) \tag{3-74}$$

순간적으로 일어나는 반응의 경우, 관계식 (3-74)가 관계식 (3-69) 대신 사용될 수 있으며 이 두 관계식들로부터 향상성 인자 E에 대한 표현을 구할 수 있다.

2.3.4 액체-경막과 액체 본체 모두에서 일어나는 반응

2.3.2절과 2.3.3절에서 다룬 경우들, 즉, 반응이 액체 본체에서만 일어나는 경우와 액체-경막에서 순간적으로 일어나는 경우에는 직렬로 연결된 속도 과정들

을 고려하였으나, A와 B의 확산과 반응이 액체-경막의 영역 전체에 걸쳐서 일어나는 경우에는 이러한 방법을 사용할 수 없으며 그 대신 액체-경막을 통한 A와 B의 연속 방정식continuity equation의 해solution를 고려하여야 한다.

그림 3.7에는 이중-경막 모델에 의한 액체 본체와 액체-경막에서의 A와 B의 농도 이력들을 나타내었다.

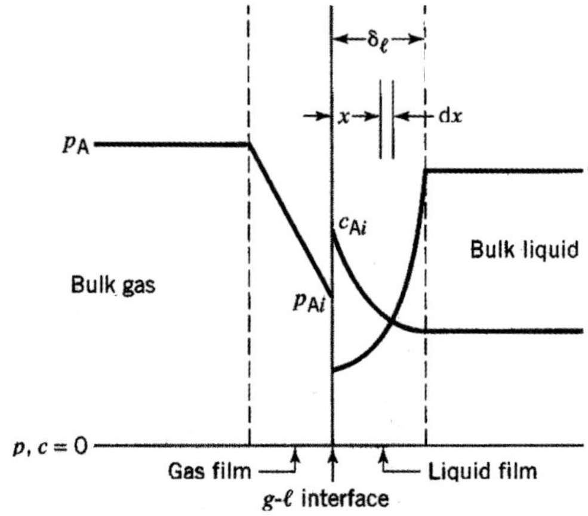

그림 3.7_ 액체 본체와 경막에서의 [A(g) + bB(l) → 생성물질들]에 대한 이중-경막 모델

먼저, 기체-경막의 존재를 무시한 상태에서 액체-경막 내부의 기체-액체 계면으로부터 거리 x 만큼 떨어져 있는 폭width dx의 얇은 액체 조각liquid strip에 대한 A와 B의 물질 수지를 고려하기로 하자. (기체-경막을 통한 물질 전달은 액체-경막 내부에서의 확산과 반응이 통합된combined 과정과 직렬로 연결되어 있으므로 그 영향은 나중에 직렬 저항으로 추가하면 된다.) 정상 상태에서 이 얇은 액체 조각의 면(계면으로부터 거리 x 만큼 떨어진 면)으로 확산되어 들어가는 A의 속도는 계면으로부터 거리 $(x + dx)$ 만큼 떨어진 면으로부터 확산되어 나오는 A의 속도와 얇은 액체 조각에서 소모되는 A의 속도의 합과 같다. 즉, 확산 방향의 단위 단면적에 대하여 다음과 같이 A에 대한 연속 방정식을 세울 수 있다:

$$-D_{Al}dC_A/dx = -D_{Al}[dC_A/dx + d(dC_A/dx)/dx \cdot dx] + (-r_A)_{int}dx \quad (3\text{-}75)$$

윗 식의 양 쪽을 dx로 나누고 정리하면,

$$D_A d^2C_A/dx^2 - (-r_A)_{int} = 0 \quad (3\text{-}75a)$$

B에 대해서도 같은 방법을 사용하여,

$$D_B d^2C_B/dx^2 - (-r_B)_{int} = 0 \quad (3\text{-}76)$$

A와 B 사이의 반응에 대한 원래의intrinsic 반응 속도는 C_A, C_B, 그리고 온도 T의 함수이므로,

$$(-r_A)_{int} = r_A(C_A, C_B, T) \quad (3\text{-}77)$$

그리고 반응 양론에 의해서 $(-r_A)_{int}$와 $(-r_B)_{int}$는 다음과 같은 관계를 가진다:

$$(-r_B)_{int} = b(-r_A)_{int} \quad (3\text{-}8)$$

두 개의 미분 방정식 (3-75a)와 (3-76)에 대한 경계 조건들은 다음과 같다:

$$x = 0;\ C_A = C_{Ai} \quad (3\text{-}79)$$

$$x = 0;\ dC_B/dx = 0 \quad (3\text{-}80)$$

(B가 비휘발성이므로 기체-액체 계면을 통하여 기체-경막 방향으로 전달되는 B는 없다.)

$$x = \delta_l\ ;\ C_A = C_A(\text{액체 본체}) \equiv C_{Ab} \quad (3\text{-}81)$$

$$x = \delta_l\ ;\ C_B = C_B(\text{액체 본체}) \equiv C_{Bb} \quad (3\text{-}82)$$

(위의 C_{Ab}와 C_{Bb}는 그림 3.7에 나타낸 것처럼 각각 A와 B의 액체 본체에서의 농도를 의미한다.)

미분 방정식 (3-75a)와 (3-76)은 관계식 (3-48)을 통해서 서로 연계되어coupled 있으므로 일반적인 경우 해석적인analytical 해가 존재하지 않으며 수치적인numerical 해를 구해야 한다. 반응 차수가 A에 대해서 1차 또는 유사-1차pseudo-first-order인 경우에는 미분 방정식들의 연계가 풀리므로uncoupled 반응이 액체 본체와 액체-경막 모두에서 일어나는 경우와 액체-경막에서만 일어나는 경우에 대해서 각각 정확하게 해석적인 해를 구할 수 있다. A에 대해서 2차 반응인 경우에는 반응이 액체-경막에서만 일어나는 경우에 한해서 근사적으로 해석적인 해를 얻을 수 있다. 이와 같은 세 가지 경우들의 각각에 대해서 아래와 같이 반응 속도를 다루고자 한다.

2.3.4.1 A에 대한 1차 또는 유사-1차 등온 비가역 반응이 액체-경막과 액체 본체 모두 에서 일어나는 경우

반응 차수가 A에 대해서 1차 또는 유사-1차인 비가역 반응에 대한 원래의 반응 속도는 다음과 같이 나타낼 수 있다:

$$(-r_A)_{int} = k_A C_A \tag{3-83}$$

또는
$$(-r_A)_{int} = k_A''' C_A \tag{3-83a}$$

여기서 $k_A''' = k_A C_B$로서 B의 농도가 일정한 경우의 유사-1차 반응 속도 상수에 해당된다.

$(-r_A)_{int}$에 대한 위의 두 반응속도식들 가운데 어느 하나를 사용하면 미분 방정식 (3-75a)와 (3-76) 사이의 연계를 풀 수 있으므로, 결과적으로 미분 방정식 (3-75a)을 A에 대해서 풀면 된다. 따라서 미분 방정식 (3-75a)를 다음과 같이 나타내고,

$$D_{Al} d^2 C_A/dx^2 - k_A C_A = 0 \tag{3-84}$$

관계식 (3-79)와 (3-81)로 나타낸 경계 조건들을 사용하여야 한다. 다음과 같은 무차원 변수들을 도입하면,

$$\lambda = C_A/C_{Ai} \tag{3-85}$$

$$z = x/\delta_l \tag{3-86}$$

미분 방정식 (3-84)를 다음과 같이 무차원 형태로 고쳐 쓸 수 있다:

$$d^2\lambda/dz^2 - \mathrm{Ha}^2\lambda = 0 \tag{3-87}$$

여기서 Ha는 1차 반응에 대해서 적용되는 Hatta Number로서 다음과 같이 정의되는 무차원 군dimensionless group이다:

$$\mathrm{Ha} = \delta_l (k_A/D_{Al})^{1/2} = (D_{Al} k_A)^{1/2}/k_{Al} \tag{3-88}$$

(여기서 관계식 (3-54)를 사용하여 δ_l을 소거하였다.)

무차원 미분 방정식 (3-87)을 풀면 액체 경막 내부의 A의 농도 이력을 λ와 z로 나타낼 수 있다. 관계식 (3-79), (3-81), (3-85) 그리고 (3-86)으로부터 무차원 미분 방정식을 푸는데 필요한 경계 조건들을 구하면,

$$z = 0;\ \lambda = 1 \tag{3-79a}$$

$$z = 1;\ \lambda = C_{Ab}/C_{Ai} = \lambda_1 \tag{3-81a}$$

미분 방정식 (3-87)의 해는 다음과 같은 형태를 가지며,

$$\lambda = K_1 \exp(\text{Ha}\, z) + K_2 \exp(-\text{Ha}\, z) \tag{3-89}$$

경계 조건들로부터 구한 적분 상수들은 다음과 같다:

$$K_1 = [\lambda_1 - \exp(-\text{Ha})]/2\sinh(\text{Ha})$$

$$K_2 = [\exp(\text{Ha}) - \lambda_1]/2\sinh(\text{Ha})$$

위의 적분 상수들을 관계식 (3-89)에 대입하면,

$$\lambda = \lambda_1 \{\sinh(\text{Ha}\, z) + \sinh[\text{Ha}(1 - z)]\}/\sinh(\text{Ha}) \tag{3-90}$$

정상 상태에서 액체-경막으로 전달되는 A의 flux $N_A(z = 0)$를 구하면 이 flux가 기체-액체 계면에서의 A의 확산 속도와 동일함을 알 수 있다:

$$N_A(z = 0) = -D_{Al}(dC_A/dx)_{x=0} = -k_{Al}C_{Ai}(d\lambda/dz)_{z=0} \tag{3-91}$$

$(d\lambda/dz)_{z=0}$는 관계식 (3-90)을 z에 대해서 미분하여 얻은 도함수를 $z = 0$에서 계산한 것이다. 그리고 λ_1을 C_{Ab}/C_{Ai}로 치환하면 관계식 (3-91)을 다음과 같이 나타낼 수 있다:

$$N_A(z = 0) = \{1 - C_{Ab}/[C_{Ai}\cosh(\text{Ha})]\}k_{Al}C_{Ai}\text{Ha}/\tanh(\text{Ha}) \tag{3-92}$$

위의 관계식은 Hatta(1932)에 의해서 최초로 얻어졌는데, 액체-경막 저항 만을 고려하였으므로 기체-경막 저항까지 고려하고 C_{Ai}를 소거하기 위해서는 관계식 (3-50)과 (3-55)를 관계식 (3-92)와 연관시켜야 한다.

$$N_A \equiv N_A(z = 0) = k_{Ag}(p_A - p_{Ai}) \tag{3-50}$$

$$C_{Ai} = p_{Ai}/H_A \tag{3-55}$$

결과적으로 기체-경막 저항과 액체-경막 저항을 모두 고려한 $N_A(z = 0)$를 구하면,

$$N_A(z = 0) = [p_A - H_AC_{Ab}/\cosh(\text{Ha})]/[1/k_{Ag} + H_A\tanh(\text{Ha})/k_{Al}\text{Ha}] \tag{3-93}$$

관계식 (3-93)의 특별한 경우들은 Ha → ∞와 Ha → 0의 두 가지 극단적인 Ha Number들에 대해서 고려할 수 있다.

비슷한 방법을 사용하여, 액체-경막에서 액체 본체로 전달되는 A의 flux $N_A(z = 1)$를 구하기 위해서 관계식 (3-90)으로부터 $z = 1$에서 A의 확산 속도를 계산하여야 한다:

$$N_A(z = 1) = -k_{Al}C_{Ai}(d\lambda/dz)_{z=1} = [1 - C_{Ab}\cosh(\text{Ha})/C_{Ai}]k_{Al}C_{Ai}\text{Ha}/\sinh(\text{Ha})$$

$$= [C_{Ai}/\cosh(\text{ha}) - C_{Ab}]k_{Al}\text{Ha}/\tanh(\text{Ha}) \tag{3-92a}$$

C_{Ai}를 소거하고 기체-경막 저항까지 고려하기 위해서는 관계식 (3-50)과 (3-55)을 다시 사용하여야 한다. 즉, 관계식 (3-50), (3-55), (3-92a), 그리고 (3-93)으로부터 C_{Ai}, p_{Ai}, 그리고 $N_A(z = 0)$를 소거하면 다음과 같이 기체-경막 저항과 액체-경막 저항을 모두 고려한 $N_A(z = 1)$를 구할 수 있다:

$$N_A(z = 1) = \{[k_{Ag}p_A\tanh(\mathrm{Ha})/(k_{Al}\mathrm{Ha}) + C_{Ab}/\cosh(\mathrm{Ha})]/[1 + k_{Ag}H_A\tanh(\mathrm{Ha})/k_{Al}\mathrm{Ha}] \cdot \cosh(\mathrm{Ha}) - C_{Ab}\}k_{Al}\mathrm{Ha}/\tanh(\mathrm{Ha}) \quad (3\text{-}93a)$$

2.3.4.2 A에 대한 1차 또는 유사-1차 반응이 빠르게 액체-경막에서만 일어나는 경우

화학 반응 자체가 비록 순간적일 만큼 빠르지는 않더라도 충분히 빠르게 일어날 경우에는 반응물질 A가 액체 본체에까지 도달하지 못하므로 반응은 액체-경막에서만 일어나고 C_A는 액체-경막에서 0zero으로 떨어진다. 이 경우와 위의 2.3.4.1절에서 다룬 경우 사이의 차이점은 $z = 1$에서의 경계조건이다; 즉, 관계식 (3-81a)는 다음과 같이 바뀌어야 한다:

$$z = 1;\ C_{Ab} = 0,\ \lambda_1 = 0 \quad (3\text{-}81b)$$

이 경우, 미분 방정식 (3-87)의 해를 경계 조건 (3-79a)와 (3-81b)를 사용하여 구하면,

$$\lambda = \sinh[\mathrm{Ha}(1 - z)]/\sinh(\mathrm{Ha}) \quad (3\text{-}94)$$

관계식 (3-91)을 사용하여 관계식 (3-94)로부터 $N_A(z = 0)$에 대한 표현을 구하면, (모든 반응이 액체-경막에서 일어나므로 A의 확산 flux가 반응 속도 $(-r_A)$와 같다는 것을 반영하여)

$$N_A(z = 0) \equiv (-r_A) = k_{Al}C_{Ai}\mathrm{Ha}/\tanh(\mathrm{Ha}) \quad (3\text{-}95)$$

그리고 2.3.4.1절에서와 같은 방법으로 기체-경막 저항까지 고려하기 위해서 관계식 (3-50)과 (3-55)를 사용하여 C_{Ai}를 소거하면,

$$(-r_A) = p_A/[1/k_{Ag} + H_A\tanh(\mathrm{Ha})/k_{Al}\mathrm{Ha}] \quad (3\text{-}96)$$

관계식 (3-96)과 (3-74)를 서로 비교하면 이 경우에 있어서의 향상성 인자 E는 다음과 같다:

$$E = \mathrm{Ha}/\tanh(\mathrm{Ha}) \quad (3\text{-}97)$$

2.3.4.3 A에 대한 2차 반응이 빠르게 액체-경막에서만 일어나는 경우

반응 차수가 A와 B에 대해서 각각 1차이며 전체적으로 2차일 경우 A와 B 사이의 반응에 대한 원래의 반응 속도는 다음과 같이 나타낼 수 있다:

$$(-r_A)_{int} = k_A C_A C_B \tag{3-98}$$

이 경우에는 A와 B의 연속 방정식들에 대한 정확하게 해석적인 해가 존재하지 않으며 Krevelen 과 Hoftijzer(1948)에 의해서 향상성 인자 E에 대한 근사적인 해가 개발되었다. 수치적인 해의 결과들을 근사적으로 다음과 같은 형태의 관계식에 맞출 수 있는데,

$$E = \psi/\tanh\psi \tag{3-99}$$

여기서 ψ는 다음과 같이 정의된다:

$$= \mathrm{Ha}[(E_i - E)/(E_i - 1)]^{1/2} \tag{3-100}$$

위의 관계식에서 E_i는 순간적으로 일어나는 반응의 향상성 인자로서 다음과 같이 나타낼 수 있다:

$$E_i = 1 + D_{Bl}C_B/D_{Al}bC_{Ai} \tag{3-101}$$

또한 Ha는 2차 반응에 대해서 적용되는 Hatta Number로서,

$$\mathrm{Ha} = (k_A D_{Al} C_B)^{1/2}/k_{Al} \tag{3-102}$$

Ha 와 E_i의 주어진 값들에 대해서 관계식 (3-99)와 (3-100)을 시행 오차trial and error 방법에 의해서 수치적으로 풀면 향상성 인자 E를 계산할 수 있다. (E_i - 1)을 매개변수로 하여 그러한 계산 결과들을 Ha에 대한 E의 플롯plot 형태로서 그림 3.8에 나타내었다; E의 근사 값들을 얻기 위해서 그림 3.8을 사용할 수 있다.

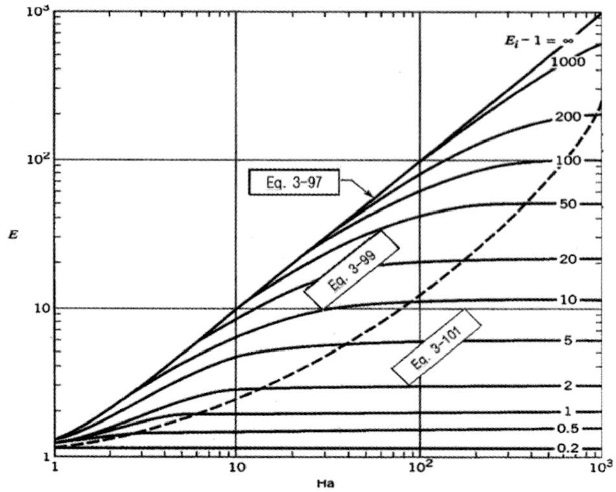

그림 3.8_ 액체-경막에서 빠르게 일어나는 [A(*g*) + *b*B(*l*) → 생성물질들] 반응의 향상성 인자 *E*(Ha, E*i*) (Missen 등, 1999)

그림 3.8에서 관계식 (3-99)로 나타내어지는 빠른 2차 반응에 대한 *E*는 관계식 (3-97)로 나타내어지는 빠른 1차 또는 유사-1차 반응에 대한 *E*와 관계식 (3-101)로 나타내어지는 순간적으로 일어나는 반응에 대한 *E*의 중간 영역에 위치한다. 따라서, 관계식 (3-99)로부터, 일정한 Ha 값에 대해서 $E_i \to \infty$이면 $E \to$ Ha/tanh (Ha)가 되고, 일정한 E_i 값에 대해서 Ha $\to \infty$이면 $E \to E_i$가 된다. 그림 3.8에서 관계식 (3-97)은 Ha < 3의 영역에서 곡선으로 바뀌는 대각선으로 나타내어지고, 관계식 (3-99)는 이 대각선과 파쇄선dashed line 사이에 위치한 곡선들로 나타내어지고, 관계식 (3-101)은 파쇄선의 오른 쪽에 위치한 수평선들로 나타내어진다. 파쇄선은 *E*가 수평이 되는 점들의 궤적locus으로서, 빠른 2차 반응의 영역과 순간적으로 일어나는 반응의 영역을 구분하고 있다.

2.3.5 Hatta Number에 대한 설명; 반응 영역의 판단 기준

Hatta Number Ha는 무차원 군으로서 액체-경막을 통한 A의 최대 물질 전달 속도에 대한 액체-경막에서의 최대 반응 속도의 비ratio에 해당되는데, 제 2 장에서 다룬 촉매 반응들에 대한 Thiele modulus ϕ와 유사한 의미를 가진다. Hatta

Number에 대한 설명은 그 정의로부터 유추될 수 있는데, 예를 들어 1차 반응의 경우, 관계식 (3-88)로부터

$Ha^2 = \delta_l^2 k_A / D_{Al} = \delta_l k_A a_i C_{Ai} / k_{Al} a_i C_{Ai} = \nu_f k_A C_{Ai} / a_i k_{Al} C_{Ai}$ = (액체-경막에서의 최대 반응 속도)/(액체-경막을 통한 최대 물질 전달 속도) (3-103)

관계식 (3-103)에서 a_i는 액체 단위 체적 당 기체-액체 계면의 면적으로서, 예를 들어 m^2/m^3(액체)로 나타내며, ν_f는 액체-경막의 체적을 의미한다. 관계식 (3-103)의 분자와 분모에서의 속도는 각각 최대 값들에 해당된다; 분자에 있어서 C_{Ai}는 액체-경막에서의 C_A의 최대 값이고, 분모의 형태는 C_A(액체 본체) = 0의 경우와 일치하므로 물질 전달에 대한 최대의 구동력driving force에 해당된다.

따라서, $Ha^2 \gg 1$이면 반응이 액체-경막에서만 일어나고, $Ha^2 \ll 1$이면 반응이 액체 본체에서 일어난다. 수치적으로 전자의 영역은 약 3 정도의 Ha에 해당되고, 후자의 영역은 약 0.1 정도의 Ha에 해당된다.

예제 3-6

1bar의 압력 조건에서 순수한 CO_2(A)가 20℃의 NaOH 수용액(B) 속으로 흡수되는 과정을 가정한다. 아래에 주어진 자료와 이중-경막 모델에 근거하여 다음 두 가지 경우의 C_B에 대하여 A의 흡수 속도를 어떻게 특징지울 수 있는가? 즉, A의 흡수 속도가 순간적인 반응, 빠른 유사-1차 반응, 빠른 2차 반응의 어느 것에 해당되는가?

(a) C_B = 0.1mol/L ; (b) C_B = 6.0mol/L

자료: k_A = 10,000L/mol · s; $D_{Al} = 1.8 \times 10^{-5}$ cm²/s; k_{Al} = 0.04cm/s;

$D_{Bl} = 3.1 \times 10^{-5}$cm²/s; H_A = 36bar · L/mol

[풀이]

액체 상에서의 화학 반응이 다음과 같으므로 [A(g) + bB(l) → 생성물질들] 에서 b = 2의 경우에 해당된다.

$$CO_2(g) + 2NaOH(l) \rightarrow Na_2CO_3 + H_2O$$

반응 속도 상수 k_A가 유한한finite 크기의 값이므로 순간적인 반응은 아니며, k_A의 단위로부터 판단하면 반응 속도가 관계식 (3-98)의 형태를 따르는 2차 반응으

로 추정된다. 더 많은 통찰력을 얻기 위하여 관계식 (3-102)와 (3-101)로부터 Ha와 E_i를 각각 계산하기로 한다. 기체 상이 순수한 CO_2로 이루어져 있으므로 기체 상의 물질 전달 저항은 없으며, $p_{Ai} = p_A(= 1bar)$이므로 관계식 (3-55)로부터 $C_{Ai} = p_A/H_A$가 된다. 두 가지 경우의 C_B에 대하여 Ha, E_i, 그리고 E의 계산 결과들을 아래의 표에 수록하였다.

경우	C_B mol/L	Ha 관계식(3-102)	E_i 관계식(3-101)	E 관계식(3-99)	E 관계식(3-97)
(a)	0.1	3.4	4.1	2.5	3.4
(b)	6.0	26	187	24.3	26

Ha 값들이 충분히 커서(Ha 〉3) 반응이 전적으로 액체-경막에서 일어남을 알 수 있다. 따라서 이러한 결과들로부터 빠른 2차 반응과 빠른 유사-1차 반응의 경우들에 대한 가능성 만을 생각하면 된다. Ha와 E_i 값들로부터 그림 3.8을 사용하여 반응 속도 모델을 추정하고 위의 표에 수록된 E의 근사 값들을 얻을 수 있으므로 이 결과들로부터 각각의 경우에 대하여 다음과 같은 결론을 내릴 수 있다:

(a) 그림 3.8에서 Ha = 3.4, E_i = 4.1에 해당되는 E는 빠른 2차 반응에 적용되는 관계식 (3-99)의 영역에 속한다. 이러한 결론은 두 개의 E 계산값들을 서로 비교해 보면 더욱 정확하게 드러난다; 관계식 (3-99)에 의한 E = 2.5가 유사-1차 반응에 해당되는 E = 3.4의 74%에 불과하다.

(b) (a)의 경우에 비해서 상대적으로 매우 큰 C_B 값으로부터 반응이 A에 대해서 유사-1차인 것으로 추정할 수 있으며, 이러한 결론이 그림 3.8과 계산값들에 의해서 확인된다. 그림 3.8에서 Ha = 26, E_i = 187에 해당되는 E는 사실상 관계식 (3-97)을 나타내는 대각선 상에 놓여 있으며, 두 개의 E 계산값들을 서로 비교해보면 관계식 (3-99)에 의한 E = 24.3이 유사-1차 반응에 적용되는 관계식 (3-97)에 의한 E = 26의 94%에 달한다. 관계식 (3-99)에 비해서 더 간단한 형태를 가진 관계식 (3-97)을 큰 오차 없이 사용할 수 있다.

3. 고체를 포함하는 불균일상 반응의 반응 속도

고체를 포함하는 비촉매noncatalytic 불균일상 반응의 반응기구와 그것으로부터 이론적으로 유도되는 반응 속도 법칙은 표면-촉매 반응의 경우에 비해서 이해하기가 훨씬 더 어렵다. 그 이유는 촉매 표면이 흔히 정상-상태 거동에 도달하는 반면, 비촉매 고체 표면은 반응이 진행되는 동안 계속 변하기 때문이다. 아래에서 소개된 예example들이 이 차이점을 잘 설명해 주고 있다.

고체의 기화gasification 반응 :

고체가 기체-상 반응물질과 반응하여 기체-상 생성물질들을 생성하는 반응은 일반적으로 표면-촉매 반응과 같은 방식으로 나타낼 수 있다. 다음과 같이 탄소 입자와 수증기의 반응이 그 한 예이다:

$$C(s) + H_2O \rightarrow H_2 + CO \qquad (3\text{-}104)$$

이 반응은 촉매 표면에 침적된 탄소의 제거decoking, 흡착 공정에 사용되는 활성탄의 제조, 그리고 수소 또는 연료 가스를 생산하기 위한 탄소 물질들carbonaceous materials의 기화와 같은 공정들에 있어서 중요한 반응이다. 다음과 같은 2-단계two-step 반응기구로부터 해당되는 반응 속도 법칙을 유도할 수 있다.

먼저, 고체 표면에 반응성을 가진 탄소 활성점 C^*가 총 N_{C^*}개 만큼 존재하고, 이들이 수증기에 의해서 가역적으로 산화되는 경우를 생각하기로 한다.

$$C^* + H_2O \rightleftarrows C^*O + H_2 \; (k_1 \text{ 정반응 속도 상수; } k_{-1} \text{ 역반응 속도 상수}) \qquad (1)$$

여기서 C^*O는 산화된 탄소 활성점을 의미하고, 이들이 분해되어 기체-상의 CO를 생성하게 된다.

$$C^*O \xrightarrow{k_2} CO(g) \qquad (2)$$

단계 (2)를 통해서 $CO(g)$의 생성과 함께 비활성이었던 n개의 탄소 원자 C가 노출되어 C^*로 바뀜으로써 총괄 반응이 계속된다. n의 평균 값이 1에 가깝기 때문에 N_{C^*}는 반응이 진행됨에 따라 서서히 변한다. 각 반응 단계를 기초 반응elementary reaction으로 가정하고 N_{C^*}가 짧은 시간 동안에 실질적으로 일정하므로 유사-정상-상태 반응속도식을 다음과 같이 유도할 수 있다:

$$r = (N_C^*/N_C)k_1k_2C_{H_2O}/(k_1C_{H_2O} + k_{-1}C_{H_2} + k_2) \quad (3\text{-}105)$$

(윗 식이 Langmuir-Hinshelwood 반응속도식과 유사한 형태임을 유의하라.)

관계식 (3-105)에 나타낸 반응 속도는 고체 탄소 원자들의 순간적인 수 N_C에 근거하고 있는데, (어떤 한 가지 기체 조성에서 측정된) 반응 속도 r은 탄소의 전화conversion가 진행됨에 따라서 최대값을 통과하는 전형적인 형태를 가진다. 이것은 N_C^*가 변하고 N_C가 감소함으로써 반응성을 가진 탄소 원자들의 분율 N_C^*/N_C에 관계되는 활성이 최대값에 도달하기 때문이다. 반응이 진행됨에 따라서 N_C^*와 N_C가 변하기 때문에 반응 속도 r은 다음과 같이 탄소의 전화 분율 f_C 또는 시간 t의 함수로서 나타낼 수 있다:

$$r(t) = k_{eff}(t)C_{H_2O}/(k_1C_{H_2O} + k_{-1}C_{H_2} + k_2) \quad (3\text{-}106)$$

여기서 $k_{eff}(t)$는 시간에 따라서 변하는 반응 속도 상수로서,

$$k_{eff}(t) = k_1k_2N_C^*(t)/N_C(t) \quad (3\text{-}107)$$

기체-상 또는 액체-상 반응물질로부터 고체의 침적solid-deposition :

고체-침적 반응은 반응성을 가진 증기로부터 피막coating과 경막film을 형성시키는 공정, 즉, 화학 증착법 또는 CVD 공정과 고체의 순수한 분말powder을 생산하는 공정에 있어서 매우 중요하다. 그 예를 들면,

$$Si_2H_6 \rightarrow Si(s) + 3H_2 \quad (3\text{-}108)$$

$$3TiCl_4 + 4NH_3 \rightarrow Ti_3N_4(s) + 12HCl \quad (3\text{-}109)$$

이 반응들은 기화 반응의 역반응으로써 기존의 고체 표면에 중간체들이 먼저 흡착된 후에 진행된다. 표면 중간체들의 침적과 분해의 반응 속도는 흔히 Langmuir-Hinshelwood 형태의 모델을 사용하여 설명할 수 있는데, 표면-촉매 반응의 경우에서와 같이 침적 활성점들deposition sites의 동태적인 수지dynamic balance가 유지된다. 원하는 고체를 생성하기 위해서는 표면에서의 추가적인 재배열rearrangement 또는 이동motion이 필요한데, 예를 들자면 실리콘 경막에서 반도체의 성상을 갖추기 위하여 충분한 크기의 결정성이 필요한 경우가 이에 해당되며, 이와 같은 재배열 단계의 반응 속도가 총괄 반응을 율속rate-control할 수 있다. 반응식 (3-108)에 있어서 disilane으로부터 실리콘을 성장시키는 과정에서 SiH_X 형

태의 표면 중간체들이 분해되어 수소를 생성하는 반응 단계가 율속 단계인 것으로 추정된다.

고체–고체 반응 :

고체와 고체 사이의 반응은 대부분의 경우 이동성mobile 중간체의 존재를 필요로 하는데, 그 이유는 고체 입자들의 혼합물에 접촉 점point of contact이 별로 많지 않기 때문이다. 최소한의 경우, 반응물질들을 서로 접촉시키기 위해서 고체 혼합물 가운데 어떤 한 가지 고체는 반드시 이동성을 가져야 한다. 금속 산화물 MO를 탄소로 환원시키는 과정에 있어서 이산화탄소가 다음과 같은 이 단계 반응기구에 의해서 고체–상태 반응solid-state reaction의 매개체 역할을 하는 것으로 알려져 있다:

$$MO(s) + CO \rightarrow M(s \text{ 또는 } l) + CO_2 \quad (1)$$

$$CO_2 + C(s) \rightarrow 2CO \quad (2)$$

이러한 반응기구에 의해서 기체 압력이 반응 속도에 영향을 미치지만, 위와 같은 반응들은 매우 복잡하여 반응기구에 근거한 반응 속도 법칙이 실제로는 거의 사용되지 않는다.

| 익힘문제 |

1. 예제 3-1과 같이 기체 반응물질 A가 등온 상태의 구형 입자로 이루어진 고체 반응물질 B와 반응할 때 수축–핵심 모델에 근거하여 다음의 세 가지 경우들의 각각에 대해서 시간(t)–전화율(f_B)의 관계식을 유도하고, 세 가지 경우들에 대한 시간 t를 모두 합하면 예제 3-1에서 얻어진 총괄 시간과 일치함을 보여라.
   (a) 기체–경막 물질 전달이 율속 단계인 경우;
   (b) 표면 반응(1차 반응)이 율속–단계인 경우;
   (c) A의 재 층 확산이 율속–단계인 경우.
2. 수축–핵심 모델을 기체–고체 반응에 대해서 적용함에 있어서 다음의 각 경우로부터 율속–단계를 결정하라.

(a) 일련의 반응 실험에서 온도가 증가함에 따라서 주어진 전화율 f_B에 대한 반응 시간 t가 현저히 감소하는 경우;

(b) t와 f_B사이에 선형linear 관계가 존재하는 경우;

(c) 기체-고체 입자 사이의 상대 속도가 변하는 경우;

(d) 일련의 반응 실험에서 고체 입자의 크기가 반응 시간 t에 영향을 미치는 경우.

3. [$A(g) + bB(s) \rightarrow$ 생성물질들]로 표시되는 어떤 기체-고체 반응에 있어서 반응의 매개변수들을 다음과 같이 바꾸고자 한다: 구형 고체 입자의 크기 R_1을 세 배로 증가시켜 $R_2 = 3R_1$인 구형 입자를 사용하고, 반응 온도를 T_1 = 800K로부터 T_2 = 900K로 증가시킨다. A의 원래 상태의 분압 p_{A1}이 2bar일 경우, 주어진 반응 시간 t에 대해서 동일한 전화율 f_B를 유지하기 위한 A의 분압 p_{A2}를 구하라. 총괄 반응 과정은 수축-핵심 모델을 따르고 표면 반응이 율속이며 반응의 활성화 에너지는 E_A/R = 12,000K를 만족시키는 크기이다.

4. [$A(g) + bB(s) \rightarrow$ 생성물질들]로 표시되는 어떤 기체-고체 반응에 있어서 반응 온도 T_1 = 800K와 A의 분압 p_{A1}의 조건에서 반경 R_1의 원통형 입자가 완전히 반응하는데 소요되는 시간을 t_1이라고 한다. 고체 입자의 크기를 두 배로 증가시켜 $R_2 = 2R_1$인 원통형 입자를 사용하고 A의 분압을 낮추어서 $p_{A2} = p_{A1}/3$의 조건에서 반응시킬 경우, 동일한 완전 반응 시간 t_1 값을 유지하기 위한 반응 온도를 계산하라. 총괄 반응 과정은 수축-핵심 모델을 따르고 표면 반응이 율속이며 반응의 활성화 에너지는 E_A/R = 10,000K를 만족시키는 크기이다.

5. 900K의 반응 온도와 2bar의 수소 분압 조건에서 작은 크기의 구형 철광석 입자들(ρ_{Bm} = 20mol/L)의 환원 공정이 수축-핵심 모델을 따른다고 가정하자:

$$4H_2 + Fe_3O_4(s) \rightarrow 4H_2O + 3Fe(s)$$

(a) 상대적으로 높은 철광석의 전화율 영역($f_B \rightarrow 1$)에서 기체-경막 저항과 재층 저항 가운데 어느 것이 더 지배적인지 밝혀라. 기체-상에서 수소의 확산은 300K에서 D = 1cm^2/s이고 $D \propto T^{3/2}$의 온도 의존성을 따르며, 철광석의 재 층을 통한 수소의 유효 확산계수는 D_e = 0.03cm^2/s이다. 또한, 작은 크기의 자유-낙하free-falling 구형 입자들에 대해서 $k_{Ag} = D/R$의 관계가 성립한다.

(b) 상대적으로 낮은 철광석의 전화율 영역($f_B \to 0$)에 대하여 (a)를 반복하라.

6. [$A(g) + bB(s) \to$ 기체-상의 생성물질들] 로 표시되는 기체-고체 반응에 있어서 기체-경막을 통한 물질 전달 저항과 표면 반응에 대한 저항이 모두 지배적이며, 기체-경막 물질 전달 계수 k_{Ag}에 대해서 Ranz-Marshall 관계식을 적용시킬 수 있다. 등온 상태의 구형 고체 입자와 기체 반응물질 A 사이의 반응이 A에 대해서 1차 반응일 경우 다음에 답하라.

   (a) 총괄 반응 과정이 수축-입자 모델을 따를 경우, 반응 시간이 경과함에 따라서 k_{Ag}가 증가하는가 또는 감소하는가?

   (b) (i) 주어진 값의 C_{Ag}, 기체 성질들, 그리고 기체-고체 사이의 상대 속도에서 (a)의 결과는 반응 시간이 증가함에 따라서 C_{As}가 어떻게 바뀔 것인지를 의미하는가?

   (ii) $t \to t_1$(완전 반응 시간)이 됨에 따라서 C_{As}의 값이 어떻게 바뀌는가?

   (iii) $t = 0$, $0 < t < t_1$, 그리고 $t \to t_1$의 반응 시간에서 고체 입자와 A의 농도 이력을 각각 스케치하라.

7. 반응식 (3-48)로 표시되는 기체-액체 반응이 액체 본체에서만 일어날 때, 관계식 (3-65)로 표시되는 (이중-경막 모델에 근거한) 반응속도식이 세 가지의 특별한 경우들을 가진다. 이 세 가지 경우들의 각각에 대해서 관계식 (3-65)의 특별한 형태를 쓰고 그 형태에 해당되는 상황을 설명하라.

8. [$A(g) + bB(l) \to$ 생성물질들] 로 표시되는 반응이 순간적으로 일어나며 B는 비휘발성이다.

   (a) 관찰 가능한 값들(단, $(-r_A)$는 제외)을 사용하여 향상성 인자 E_i에 대한 표현을 구하라.

   (b) $E_i = \delta_l/\delta$임을 보여라.

   (c) (a)의 결과와는 별도로 $E_i = 1 + D_{Bl}C_B/D_{Al}bC_{Ai}$임을 보여라.

   (d) 액체-경막을 통한 물질 전달이 율속일 경우 향상성 인자 E_i가 (c)의 결과와 같음을 보여라.

9. (a) 8번과 동일한 반응에 대하여 이중-경막 모델을 적용시킬 때 반응 면reaction plane이 기체-액체 계면 쪽으로 이동하게 되면, 즉, $\delta \to 0$가 되면, 기체-경막을

통한 물질 전달이 율속 임을 의미한다. 이것이 향상성 인자 E_i에 대해서 가지는 의미를 설명하라.

(b) 반응 면이 액체-상의 경막 경계film boundary 쪽으로 이동하게 되면, 즉, $\delta \to \delta_l$이 되면, 이것이 향상성 인자 E_i에 대해서 가지는 의미는 무엇인가?

10. 관계식 (3-93)과 (3-93a)에서 다음의 두 제한적인 경우들이 가지는 의미를 각각 설명하라: (a) Ha → ∞ ; (b) Ha → 0.

11. 8번과 동일하게 표시되는 반응에 대하여 그림 3.5에서부터 그림 3.7까지의 이중-경막 모델을 적용시킬 때, 다음의 각 경우에 대해서 A와 B의 농도 이력들을 스케치하라.

(a) 순간적으로 일어나는 반응에 있어서 (i) 기체-경막 율속인 경우; (ii) 액체-경막 율속인 경우,

(b) 느린 반응에 있어서 (i) 기체-경막과 화학 반응이 율속인 경우; (ii) 액체-경막과 화학 반응이 율속인 경우; (iii) 화학 반응이 율속인 경우,

(c) 빠른 반응이 액체-경막에서만 일어날 경우.

12. 8번과 동일하게 표시되는 반응이 A에 대하여 0차 반응이고 비휘발성인 B에 대하여 2차 반응, 즉, $(-r_A)_{int} = kC_B^2$이다. 이중-경막 모델에 근거하여 반응이 액체-경막에서만 일어나고, A에 대한 기체-경막 물질 전달 저항을 무시할 수 있으며, 액체-상에서 C_B가 균일하다고 가정했을 경우

(a) A와 B의 농도 이력들을 스케치하라.

(b) 반응속도식의 형태를 유도하라.

(c) 향상성 인자 E에 대한 표현을 구하라.

(d) Ha Number에 대한 표현을 구하고 E와 Ha 사이의 관계를 설명하라.

13. 8번과 동일하게 표시되는 반응이 A에 대하여 2차 반응이며 이중-경막 모델에 따라서 액체-경막에서 빠르게 일어난다. 향상성 인자 E에 대한 근사적인 해를 관계식 (3-99)와 (3-100)을 사용하여 구할 수 있다면 Ha = 100과 E_i = 100에 해당되는 향상성 인자 $E = E(\text{Ha}, E_i)$를 계산하라.

14. (a) [A(g) + 2B(l) → 생성물질들] 로 표시되는 반응이 A에 대하여 유사-1차 반응일 경우 다음의 자료들을 사용하여 총괄 반응 속도를 결정하라.

H_A = 300MPa · L/mol; k_A = 450m^4/mol · min; D_{Al} = 4.2×10^{-6}cm^2/s;

k_{Al} = 0.08m/s; D_{Bl} = 1.7×10^{-5}cm^2/s; k_{Ag} = 0.68mol/kPa · m^2 · s

A의 분압은 250kPa이고, 비휘발성인 B의 농도는 0.25mol/L이다.

(b) 이 system에 대하여 향상성 인자를 사용할 수 있다면 그 값을 결정하라.

(c) 이 system에 대하여 Ha number를 사용할 수 있다면 그 값을 결정하라.

15. 수축-핵심 모델을 따르는 다음과 같은 기체-고체 반응의 율속 단계를 결정하기 위해서 반응 속도 연구를 수행하였다:

$$A(g) + 2B(s) \rightarrow \text{생성물질들}(s, g)$$

반응 온도와 A의 분압을 각각 700K와 200kPa로 일정하게 유지한 상태에서 구형의 비세공성 고체 입자들의 크기를 아래와 같이 서로 다른 네 가지로 변화시키면서 각각의 경우에서 완전 반응에 소요되는 시간 t_1을 측정하였다:

입자 반경, m:	0.005	0.010	0.015	0.020
10^{-5} t_1, s:	2.31	4.92	7.83	11.0

별도의 실험을 통해서 기체-경막 물질 전달 계수가 k_{Ag} = 9.2×10^{-5}m/s이고 고체 입자의 몰 밀도가 ρ_{Bm} =2.0×10^{5}mol/m^{3}인 것으로 측정되었다.

(a) 반응물질 A에 대하여 원래의 표면 반응 속도 상수 k_{As}(단위 m/s)와 재 층을 통한 유효 확산 계수 D_e(단위 m^2/s)를 계산하라.

(b) 서로 직렬 연결된 세 가지 속도 과정들 가운데 어느 한 속도 과정이 분명히 율속 단계인가? 그 이유를 설명하라.

(c) 반경이 0.010m인 입자의 80% 전화에 소요되는 시간을 계산하라.

16. (a) 고체의 기화 반응에 대한 반응속도식 (3-105)의 2-단계 반응기구에 정상-상태-가정steady-state-hypothesis을 적절하게 적용시켜서 관계식 (3-105)의 반응 속도 표현이 순간적으로 일어나는 반응의 속도 표현임을 확인하라.

(b) 2-단계 반응기구의 두 번째 단계, 즉, C*O의 분해 단계가 율속이라는 가정에 의해서 관계식 (3-105)의 반응 속도를 단순화된 형태로 나타내어라.

(c) 반응식 (3-104)로 나타낸 고체의 기화 반응에 대하여 반응속도식 $r = k_{eff}C_{H_2O}/C_{H_2}$를 실험을 통하여 얻게 되었다. 이와 같은 반응속도식을 관계식 (3-105)로부터 얻을 수 있는 반응 조건들은 무엇인가? 즉, 실험을 통해서 얻은

k_{eff}가 관계식 (3-107)의 그것과 어떻게 다른가?

17. 붕소boron는 높은 경도와 낮은 밀도 때문에 절삭용 공구의 보호 피막과 복합 재료의 원료로서 중요한 물질이다. 수소와 BBr_3로부터 화학 증착법CVD에 의해서 붕소를 침적시키는 반응의 반응 속도 법칙이 Haupfear와 Schmidt(1994)에 의하여 연구되었는데, 총괄 반응은 $2BBr_3 + 3H_2 \rightarrow 2B(s) + 6HBr$로 표시되었다.

(a) 성장하는 붕소 경막 상의 비어있는open 침적 활성점들에서 반응이 일어난다고 가정하고 이 반응의 반응기구적mechanistic 단계들을 제시하라.

(b) 흡착된 수소 원자들과 흡착된 BBr_3 사이의 반응이 율속 단계라는 반응기구적 가정으로부터 Langmuir-Hinshelwood 형태의 반응 속도 법칙을 제시하라.

(c) 1100K의 침적 온도에서 얻은 다음과 같은 반응 속도 자료를 사용하여 (b)에서 제시된 반응 속도 법칙의 흡착 상수들과 표면 반응 속도 상수를 계산하라. r_t는 경막 두께의 성장 속도를 의미한다. (b)에서 제시된 반응 속도 법칙이 반응 속도 자료에 얼마나 잘 들어 맞는가? (예를 들어, 높은 수소 분압의 조건에서 반응 차수가 너무 높은가 또는 너무 낮은가?)

(d) (c)에서 관찰된 결과들에 근거하여 (b)에서 제시된 반응 속도 법칙을 어떻게 개선시킬 수 있겠는가?

Boron 경막의 침적 반응 속도 자료:

p_{BBr3} = 3.33 Pa		p_{BBr3} = 26.7 Pa		p_{H2} = 2.67 Pa	
p_{H2}, Pa	r_t, μm/min	p_{H2}, Pa	r_t, μm/min	p_{BBr3}, Pa	r_t, μm/min
0.42	0.0302	1.00	0.1023	2.12	0.0413
1.35	0.0481	3.72	0.2203	3.72	0.0673
2.86	0.0585	7.91	0.2716	7.91	0.1450
7.62	0.0721	16.80	0.4128	13.92	0.1787
14.73	0.0889	43.08	0.4427	24.49	0.1450
26.90	0.0509	62.79	0.5852	35.69	0.1023
55.03	0.0359	91.50	0.5458		
110.46	0.0192	133.36	0.7736		

chapter

4 유체-고체 반응에 사용되는 고정층 촉매 반응기

chapter 4

유체-고체 반응에 사용되는 고정층 촉매 반응기

이 장은 다상multiphase 반응에 사용되는 반응기들 가운데 하나인 고정층fixed-bed 촉매 반응기에 대한 것이다. 일반적으로 촉매 반응기의 중요성은 화학 산업에서 촉매 반응이 차지하는 비중과 직결된다: 고정층 촉매 반응기는 황산, 암모니아, 그리고 메탄올과 같은 대규모 생성물질들의 제조에 주로 사용된다. 유체-고체 반응에 사용되는 고정층 촉매 반응기에서 고체 촉매는 무작위의 방향으로 고정된, 상대적으로 작은 크기의 입자들로 이루어진 층으로서 존재하며 이 입자들 사이의 공간을 통해서 유체가 대류 흐름에 의해서 이동한다. (물론 제 2 장에서 서술한 바와 같이 입자들 내부에서도 확산 또는 물질 전달에 의한 물질 흐름이 있을 수 있다.) 유체는 기체 또는 액체이지만 이 장에서는 보다 더 보편적인 기체상 촉매 반응에 치중하고자 하며, 시간의 경과에 따른 촉매 비활성화의 영향을 무시할 수 있는 정상-상태 조업에 치중하고자 한다. 이 장에서 우리는 2상two-phase 촉매 반응의 예들을 먼저 소개하고, 조업 방식과 일반적인 설계 상의 관점에서 반응기의 유형들을 다룰 예정이다. 그 다음으로는 유사-균일상pseudohomogeneous 및 불균일상heterogeneous 반응기 모델들 가운데 가장 간단한 모델을 소개하고, 일차원 및 이차원 모델에 대해서 검토하고자 한다.

1. 고정층 촉매 반응의 예

여러 가지 유형들의 고정층 촉매 반응기에서 일어나는 반응의 예는 다음과 같다:

(1) 아황산 가스sulfur dioxide의 산화에 의한 삼산화 황sulfur trioxide의 제조는 황산 생산 공정의 한 단계이다:

$$SO_2 + (1/2)O_2 \rightleftarrows SO_3 \quad (A)$$

이 반응은 V_2O_5 촉매를 사용하는 가역, 발열 반응으로서 다단계multistage 고정층 반응기에서 단열적으로adiabatically 일어나는데, 반응 유체가 축axial 방향으로 흐르고 온도 조절을 위해서 각 단계 사이의 열 전달을 필요로 한다.

(2) 암모니아의 합성:

$$N_2 + 3H_2 \rightleftarrows 2NH_3 \quad (B)$$

이 반응도 역시 가역, 발열 반응으로서 축 방향 또는 반경 방향의 유체 흐름과 온도 조절 기능을 갖춘 여러 가지 유형들의 고정층 반응기에서 일어난다. 촉매로서 전통적으로 Fe 계열이 사용되어 왔으나, 보다 더 활성이 좋은 Ru-계열이 점차 많이 사용되는 추세이다.

(3) 메탄올의 합성:

$$CO + 2H_2 \rightleftarrows CH_3OH \quad (C)$$

이 반응도 역시 가역, 발열 반응인데, 암모니아 합성의 경우와 비슷한 유형들의 고정층 반응기를 사용한다. 표준형 촉매로서 $Cu/ZnO/Al_2O_3$가 사용된다.

(4) 에틸벤젠의 탈수소반응에 의한 스타이렌 모노머styrene monomer의 생산:

$$C_8H_{10} \rightleftarrows C_8H_8 + H_2 \quad (D)$$

이 반응은 가역, 흡열 반응으로서 다단계 고정층 반응기에서 단열적으로 일어나는데, 반응 유체가 축 방향 또는 반경 방향으로 흐르고 온도 조절을 위해서 각 단계 사이의 열 전달을 필요로 한다.

(5) 벤젠의 알킬화alkylation에 의한 에틸벤젠의 생산:

$$C_6H_6 + C_2H_4 \rightarrow C_8H_{10} \quad (E)$$

이 반응은 스타이렌 생산에 있어서 반응 (D)의 선행 단계이다.

(6) 메탄올의 부분 산화반응에 의한 포름알데히드의 생산:

$$CH_3OH + (1/2)O_2 \rightarrow HCHO + H_2O \qquad (F)$$

이 반응에는 Ag-계열 또는 철-몰리브덴 산화물ferric molybdate 촉매가 사용된다. 반응 (F)는 반응 (C)를 통해서 합성된 메탄올의 용도 가운데 하나를 나타내며, 반응의 선택도가 중요한 경우의 한 예이다. 이 반응은 산화반응이라는 개념의 차원에서 궁극적으로 완결될 수 없는데, 그 이유는 메탄올의 완전 산화반응에 의해서 CO_2와 H_2O가 생성되기 때문이다. 비슷한 맥락에서, 반응 (D)에서는 벤젠과 다른 (원하지 않는) 생성물질들이 탈알킬화dealkylation 반응에 의해서 생성된다.

위의 공정들은 많은 경우에 있어서 가역 반응들을 포함하지만, 하나의 화학 반응식 만을 필요로 한다는 점에서 단순하게 다룰 수 있다. 일반적으로, 가역성reversibility은 반응기의 설계에 있어서 평형 제약조건equilibrium constraint에 의해서 전화율 또는 수율에 미치는 영향이 고려되어야 하는 경우이다. 더 나아가서, 가역성은 공정의 조업 조건들에도 복잡한 영향을 미친다: 압력의 선택, 온도의 영향, 온도의 조절, 그리고 온도 조절의 수단means, 이 모든 것들이 평형 제약조건의 영향을 최소화시켜서 수율을 증가시키는 방향으로 결정되어야 한다. 다음의 예제는 기체상 반응에 있어서 압력의 선택에 대한 기본적인 고려를 잘 설명해주고 있다; 온도의 영향과 온도의 조절에 관계된 설계 요소들은 이 장에서 나중에 다룰 예정이다.

예제 4-1

(a) 반응 (C)에 의한 메탄올의 생산에 있어서 잠재적인 평형 제약조건과 함께 가역성이 반응기 조업 압력의 선택에 미치는 영향을 설명하라.

(b) (a)를 반응 (D)에 의한 스타이렌 모노머 생산의 공정에 대해서 반복하라.

(c) (b)에서와 같은 반응에 있어서, 일정한 압력 조건에서 원료에 불활성 기체가 더해졌을 경우 평형 수율에 미치게 될 영향을 설명하라.

[풀이]

(a) 특정한 조건에서 평형 상태에 있는 시스템과 메탄올의 수율 측면에서 압력의 변화가 평형의 위치에 미치는 영향을 고려해 보기로 한다. 평형에 미치는 영향

은 Le Chatelier 원리(1884)에 의해서 설명될 수 있다: (평형에 영향을 미치는 다른 변수들이 고정된 가운데) 압력이 변하면 평형의 위치는 부과된 압력의 변화를 상쇄시키는 방향으로 변한다. 반응 (C)의 경우, 압력이 증가되면 메탄올 생성 반응이 전체 물질량을 감소시키는 방향, 즉, 압력의 증가를 차감하는 방향으로 진행된다. 따라서 압력의 증가는 메탄올의 평형 수율을 증가시키며, 그러한 이유 때문에 메탄올 합성에 사용되는 반응기들은 상대적으로 높은 압력인 50 내지 100bar에서 운전된다.

(b) 스타이렌 모노머의 생산에 사용되는 반응 (D)에 위와 유사한 원리를 적용하면 반대의 결론이 얻어진다: 압력이 감소하면 스타이렌 모노머(C_8H_8)의 평형 수율이 증가한다. 이 반응에 사용되는 반응기들은 낮은 압력, 특히 1 bar의 주변 압력에서 운전된다.

(c) 일정한 압력 조건에서 원료에 불활성 기체를 보태면 반응 계의 분압이 낮아지는 결과가 초래되는데, 이것은 압력 자체가 낮아지는 것과 동일한 효과를 가진다: 일정한 압력과 온도 조건에서 반응물질에 대한 불활성 기체의 분압 비율이 증가할수록 평형 수율이 증가한다. 이것은 전체 물질량의 증가를 수반하는 기체상 반응에서 전형적으로 일어나며, 전체 물질량의 감소를 수반하는 반응에 있어서는 그 반대 현상이 일어난다. 반응 (D)의 경우, 이러한 이유 때문에 반응기 원료에 수증기(H_2O)가 부분적으로 더해진다.

2. 반응기들의 유형과 운전 방식

2.1 2상 반응에 사용되는 반응기들

이 절에서 우리는 고정층 촉매 반응기에서의 유체 흐름, 온도의 조절, 그리고 촉매 층의 배치 형태에 따른 구분을 그림 4.1에 요약하여 나타내었다.

2.2 유체 흐름에 따른 구분

그림 4.1에서 주목할 만 한 첫 번째 구분은 유체 흐름에 따른 구분이다. 전통적으로, 대부분의 고정층 반응기들은 고체 입자들의 층을 통하여 유체가 축 방향으로 흘러내리는 방식으로 운전된다. 보다 더 최근의 추세는 그림 4.1에 나타낸 것처럼 바깥 쪽 또는 안 쪽으로의 반경 방향으로 흐르는 유체의 흐름을 사용하는 것이다. 반응 (D)에 의한 스타이렌 모노머의 생산에서는 주어진 반응기 체적 당 유체 흐름의 면적을 증가시켜서 압력 강하 $(-\Delta P)$를 감소시키는 방식으로 고정층 촉매 반응기를 운전하여야 한다. 이 장에서는 축 방향의 유체 흐름 만을 다룰 예정이다.

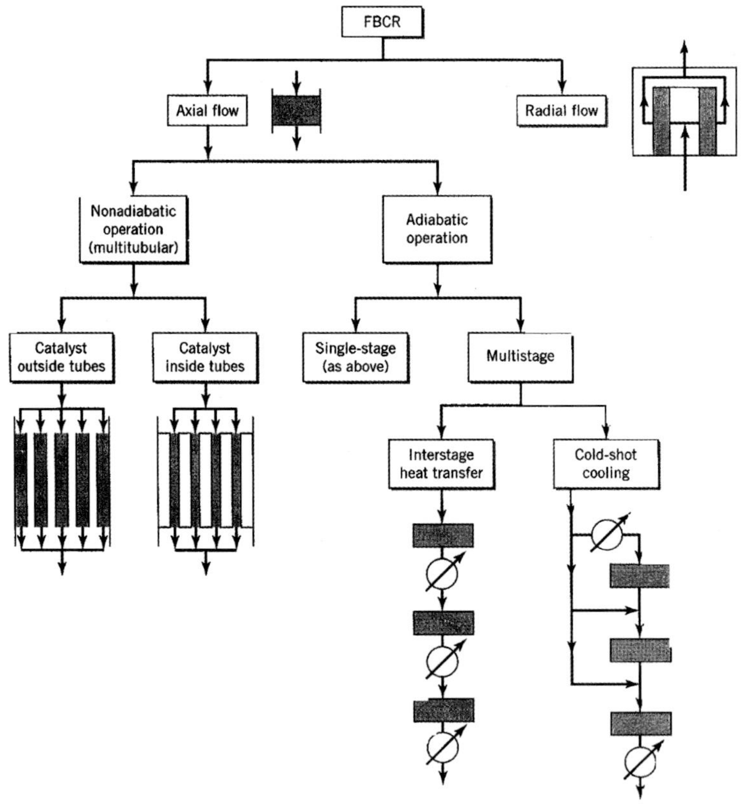

그림 4.1_ 2상 반응에 사용되는 고정층 촉매 반응기들(fixed-bed catalytic reactors; FBCR)의 운전 방식(각각의 사각형 또는 그늘지게 표시된 영역은 촉매 층을 나타내며 각각의 원은 열 교환기를 나타낸다.) (Missen 등, 1999)

2.3 온도와 촉매 층의 배치 형태에 따른 구분

그림 4.1에서 유체가 축 방향으로 흐르는 고정층 촉매 반응기의 운전 방식은 온도에 따라서 단열adiabatic 운전과 비단열nonadiabatic 운전으로 구분된다.

2.3.1 단열 운전

단열 운전에서는 열 전달에 의해서 촉매 층 내부의 온도를 조절하는 시도가 이루어지지 않는다. 따라서 발열 반응에서는 반응기의 온도가 증가하고 흡열 반응에서는 반응기의 온도가 감소한다. 하나의 촉매 층으로 이루어진 단일-단계single-stage의 반응기에서는 위와 같은 온도 상황이 발생한다. 그러나 직렬로 연결된 두 개 이상의 촉매 층들로 이루어진 다단계multistage의 반응기에서는 비록 각 단계는 단열 운전되더라도 단계와 단계 사이에서 온도를 조절할 수 있는 기회가 존재하는데, 이러한 온도 조절은 그림 4.1에 나타낸 것처럼 두 가지 방식들 중 하나를 사용하여 가능해진다. 첫 번째 방식은 열 교환기들을 사용한 단계 간interstage 열 전달에 의한 것인데, 이 방식은 발열 반응 또는 흡열 반응 모두에 사용될 수 있다. 두 번째 방식은 cold-shot cooling이라고 부르는데 발열 반응에 사용된다. 이 방식은 원래의 차가운 원료가 여러 부분들로 나뉘어져서 일부는 첫 번째 단계로 들어가고 일부는 마지막 단계를 제외한 각 단계의 출구 흐름에 더해지는 것이다. 따라서, (마지막 단계를 제외한) 각 단계의 출구 흐름의 온도가 열 교환기의 사용없이 차가운 원료와의 혼합에 의해서 낮춰질 수 있다. 온도가 감소되는 정도는 각 단계 사이에서 원료가 배분되는 방식에 의해서 결정된다. 어떤 방식을 사용하든 간에 온도의 조절에는 두 가지의 목적이 있다: (1) 전화율 또는 수율을 증가시키기 위해서 평형 한계를 이동시키는 것과, 그리고 (2) 필요한 촉매의 양과 반응기의 크기를 감소시키기 위해서 상대적으로 반응 속도를 높게 유지시키는 것이다.

2.3.2 비단열 운전

비단열 운전에서는 온도 조절을 위한 열 전달이 촉매 층 자체 내부에서 이루어진다. 이것은 shell-and-tube 형태의 열 교환기로 이루어진 반응기를 사용함으로써 가능해지는데, 촉매 입자들은 tube 내부 또는 외부에 배치되고 그에 따라서 가열 유체 또는 냉각 유체(반응 혼합물)는 shell 또는 tube 속을 통해서 흐르게 된다.

3. 설계 상의 고려할 점

유체 흐름, 온도의 조절, 그리고 촉매 층의 배치 형태 이외에도 필요한 촉매의 양(W)과 두 개 이상의 단계들로 촉매를 배분하는 문제가 설계 상으로 중요하게 고려되어야 할 점들이다. 이것은 반응기의 크기를 결정하는 문제인데, 구체적으로는 각 단계의 길이(L)와 직경(D)의 결정을 의미한다. 이러한 목적을 달성하기 위해서는 반응 속도 법칙과 물질 및 에너지 수지에 의해서 제공되는 보편적인 정보 이외에도 개별적 입자들에 대한 정보와 유체-입자 사이의 상호작용, 그리고 가역성과 같이 반응의 성격에 관련된 정보를 고려해야 한다. 촉매 반응기의 공정 설계는 Lywood(1996)에 의해서 다루어졌다.

3.1 촉매 입자와 촉매 층의 특징들

촉매 입자의 특징에는 촉매의 활성을 주로 결정하는 화학적 조성과 촉매의 확산 특성을 결정하는 물리적 성질들, 예를 들어, 크기, 형상, 밀도, 그리고 세공율 또는 공극율이 모두 포함된다. 우리는 이 책에서 촉매 입자들의 설계 자체를 다룰 필요는 없지만 촉매의 표면과 입자 수준에서의 반응 속도를 다루기 위해서는 촉매 입자의 특징을 알 필요가 있다. 이것은 제 2 장에서 다뤄진 적이 있는데, 관계식 (2-1)에서부터 (2-3)에 의해서 입자의 밀도 ρ_p와 입자 내부의 공극율 또는 세공성 ε_p이 서로 관련되어지고 있다. 입자의 형상은 압출extrusion 또는 tableting에 의해서 형성될 수 있는 많은 특징들 가운데 하나이다. 제 2 장에서 우리는 세 가지 입자 형상들, 즉, 원통형, 구형, 그리고 flat-plate에 관심을 국한시켰으며, 충진층packed-bed에서 사용되는 입자의 크기는 상대적으로 작아서 보통 약 수 mm에 이른다.

촉매 층의 수준에서 우리는 또한 밀도와 공극율의 특징을 사용한다. 원통형 용기에 대해서 촉매 층의 체적은,

$$V = \pi D^2 L/4 \tag{4-1}$$

촉매 층의 본체 밀도bulk density ρ_B는 촉매의 총 질량 W를 촉매 층의 총 체적 V로 나눈 값이다:

$$\rho_B = W/V \tag{4-2}$$

촉매 층의 공극율voidage ε_B는 촉매 층의 총 체적 V에 대한 입자들 사이의 공극 공간의 비ratio이다:

$$\varepsilon_B = (V - \text{입자들의 체적})/V = (V - V\rho_B/\rho_p)/V = 1 - \rho_B/\rho_p \tag{4-3}$$

여기서 ρ_p는 관계식 (2-1)에 의해서 나타낸 입자의 밀도이다. 관계식 (4-3)과 (2-3)으로부터,

$$\rho_B = \rho_p(1 - \varepsilon_B) = \rho_s(1 - \varepsilon_p)(1 - \varepsilon_B) \tag{4-4}$$

여기서 ρ_s는 입자 내부의 공극이 없는 고체의 참 밀도true density이다.

3.2 유체-입자 상호작용; 압력 강하 $(-\Delta P)$

유체가 입자 층을 통해서 흐를 때 유체와 입자들 사이의 상호작용 때문에 마찰에 의한 압력 강하 $(-\Delta P)$가 발생한다. $(-\Delta P)$를 계산하면 주어진 W(또는 V)에 대해서 L과 D를 구할 수 있다. 이 계산은 모멘텀momentum 수지로부터 유도된 다음과 같은 압력 구배pressure gradient에 관한 미분 방정식으로부터 이루어 질 수 있다:

$$dP/dx + fu^2\rho_f/d_p' = 0 \tag{4-5}$$

여기서 x는 유체 흐름 방향의 입자 층 깊이를 나타내는 좌표축이고, f는 마찰계수이며, u는 겉보기superficial 선linear 속도이며, ρ_f는 유체의 밀도이며, 그리고 d_p'는 입자의 유효 직경이다. 미분 방정식 (4-5)의 왼쪽의 두 번째 항이 일정하다는 가정 하에서 적분하면 다음과 같은 압력 강하에 대한 관계식을 얻을 수 있다:

$$(-\Delta P)/L = fu^2\rho_f/d_p' \tag{4-6}$$

여기서 L은 입자 층의 깊이에 해당되고 (입자 층 출구에서 x = L), $\Delta P = P$(출구) $-\Delta P$(입구)이므로 ΔP는 음negative의 값을 가진다. 관계식 (4-6)에서 d_p'는 입

자의 형상을 반영하는 유효 직경으로서 다음과 같이 정의된다:

$$d_P' = 6 \times (\text{입자의 체적})/(\text{입자의 외부 표면적}) \tag{4-7}$$

직경 d_P의 구형 입자의 경우 $d_P' = d_P$이며, 원통형 입자의 경우 입자의 길이 L_P에 대해서 $d_P/L_P \ll 2$이면 $d_P' = 3d_P/(2 + d_P/L_P)$ 또는 $1.5d_P$이다.

마찰 계수의 경우 Ergun(1952)의 상관관계식을 사용하면,

$$f = [1.75 + 150(1 - \varepsilon_B)/Re'](1 - \varepsilon_B)/\varepsilon_B^3 \tag{4-8}$$

여기서 ε_B는 입자 층의 공극율이며, Re'는 입자에 대하여 다음과 같이 정의되는 Reynolds number 이다:

$$Re' = d_P' u \rho_f/\mu_f = d_P' G/\mu_f \tag{4-9}$$

여기서 μ_f는 유체의 점도이고, G는 다음과 같이 정의되는 질량 속도이다:

$$G \equiv \dot{m}/A_c = 4\dot{m}/\pi D^2 \tag{4-10}$$

여기서 $\dot{m}$은 질량 유속이고, A_c는 입자 층의 단면적이다.

주어진 W에 대해서 D 또는 L이 정해질 경우, $(-\Delta P)$가 관계식 (4-1)과 (4-2)를 사용하여 관계식 (4-6), 그리고 (4-8)에서 (4-10)으로부터 계산되어질 수 있다. 또 다른 방법으로서는, 압력 강하 $(-\Delta P)$의 허용 가능한 값에 있어서 D (그리고 L)를 결정할 수 있는 다음과 같은 방정식을 D (또는 L)에 대해서 푸는 것이다:

$$D^6 - \beta\kappa D^2 - \kappa = 0 \tag{4-11}$$

여기서 $\beta = [150/4(1.75)]\pi\mu_f(1 - \varepsilon_B)/d_P'\dot{m} = 67.32\mu_f(1 - \varepsilon_B)/d_P'\dot{m}$ (4-12)

$$\kappa = 64\alpha\dot{m}^2 W/\pi^3\rho_f d_P'(-\Delta P)\rho_B \tag{4-13}$$

그리고 $\alpha = 1.75(1 - \varepsilon_B)/\varepsilon_B^3$ (4-14)

방정식 (4-11)을 사용하여 주어진 압력 강하 $(-\Delta P)$의 허용 가능한 값과 촉매의 질량 W, 그리고 알려진 값의 여러 가지 양들에 대해서 입자 층의 직경 D를 구할 수 있다. α, β, 그리고 κ가 모두 양positive의 값을 가지므로 방정식 (4-11)은 하나의 양의 실근real root 만을 가진다. 방정식 (4-11)을 D대신 L에 대해서 풀면 3차 방정식이 얻어진다.

한편으로는 허용 가능한 압력 강하 $(-\Delta P)$의 값을 선택하고 또 다른 한편으로는 (주어진 W에 대해서) D 또는 L의 값을 선택하기 위해서는 반응기의 장치 비용vessel cost과 유체의 펌핑pumping 또는 압축 비용 사이에 있어서 손실과 이익의 교

환trade-off이 필요하다. D가 작을수록 L/D 비가 커지고 압력 강하값 $(-\Delta P)$도 커진다; 따라서 장치 비용은 작게 소요되지만 유체의 펌핑 비용이 더 크게 소요된다.

예제 4-2

1절에 소개된 반응 (A)가 일어나는 삼산화 황 전화 반응 장치의 첫 번째 단계로 투입되는 원료는 100kPa과 700K의 조건 하에서 9.5mol%의 SO_2, 11.5mol%의 O_2, 그리고 79mol%의 N_2로 구성되어 있다. 원료의 SO_2 질량 유속은 7.25kg/s이고, 촉매의 질량(W)은 6000kg이며, 입자 층의 공극율(ε_B)은 0.45이며, 입자 층의 본체 밀도(ρ_B)는 500kg/m^{3}이며, 입자의 유효 직경(d_P')은 15mm이며, 유체의 점도(μ_f)는 3.8×10^{-5}kg/m · s이다. 또한, 허용 가능한 압력 강하 값은 7.5kPa이다.

(a) 유체의 밀도와 점도가 일정하다고 가정했을 때 입자 층의 직경(D)과 입자 층의 깊이(L)을 계산하라.

(b) 이 값들이 허용 가능한 $(-\Delta P)$ 값에 대해서 얼마나 민감한가? 2.5kPa에서부터 15kPa 사이의 $(-\Delta P)$ 값에 대해서 검토해 보라.

[풀이]

관계식 (4-11)에서부터 (4-14)까지를 사용하기 위해서는 원료의 전체 질량 유속 $\dot{m}$과 유체의 밀도ρ_f를 계산하여야 한다.

$$\dot{m} = \dot{m}_{SO_2} + \dot{m}_{O_2} + \dot{m}_{N_2} = \dot{m}_{SO_2} + x_{O_2}F_tM_{O_2} + x_{N_2}F_tM_{N_2}$$

여기서 x는 몰 분율이고, F_t는 전체 몰 유속이며, 그리고 M은 분자량이다.

$$F_t = \dot{m}_{SO_2}/x_{SO_2}M_{SO_2} = 7.25/[0.095(64.1)] = 1.191\text{kmol/s}$$

$$\dot{m} = 7.25 + 0.115(1.191)(32.0) + 0.79(1.191)(28.0) = 38.0\text{kg/s}$$

이상-기체 거동을 가정하면,

$$\rho_f = PM_{av}/RT = P(\dot{m}/F_t)/RT = 1 \times 10^5(38.0)/[1191(8.314)(700)] = 0.548\text{kg/m}^3$$

관계식 (4-12)에서부터 (4-14)까지를 사용하여 α, β, 그리고 κ를 각각 계산하면,

$$\alpha = 1.75(1 - \varepsilon_B)/\varepsilon_B^3 = 1.75(1 - 0.45)/(0.45)^3 = 10.56$$

$$\beta = 67.32\mu_f(1 - \varepsilon_B)/d_P'\dot{m} = 67.32(3.8 \times 10^{-5})(1 - 0.45)/0.015(38.0)$$
$$= 2.47 \times 10^{-3}/\text{m}^2$$

$$\kappa = 64\alpha\dot{m}^2W/\pi^3\rho_f d_P'(-\Delta P)\rho_B = 64(10.56)(38.0)^2(6000)/$$

$$(3.14)^3(0.548)(0.015)(7500)(500) = 6135\text{m}^6$$

위의 값들을 방정식 (4-11)에 대입하면,

$$D^6 - 15.13D^2 - 6135 = 0$$

D 에 대해서 시행오차법을 사용하여 풀면 $D = 4.31$m를 얻게 된다.

관계식 (4-1)과 (4-2)를 사용하여 입자 층의 깊이 L을 계산하면,

$$L = 4W/\rho_B\pi D^2 = 4(6000)/500(3.14)(4.31)^2 = 0.82\text{m}$$

(b) (a)에서 기술된 절차를 2.5kPa에서부터 15.0kPa까지의 $(-\Delta P)$ 값 범위 내에서 2.5kPa 만큼씩 증가시켜 가면서 반복하여 구한 D와 L을 아래와 같은 표에 수록하였다:

$(-\Delta P)$, kPa	D, m	L, m
2.5	5.19	0.566
5.0	4.62	0.717
7.5	4.31	0.822
10.0	4.11	0.906
12.5	3.95	0.977
15.0	3.84	1.039

예상한 바와 같이, $(-\Delta P)$가 증가함에 따라서 D가 감소하고 L이 증가하였다. 주어진 촉매의 질량 W에 대해서 입자 층의 직경(즉, 장치 비용)을 증가시켜서 입자 층의 깊이를 줄임으로써 압력 강하(즉, 펌핑에 소요되는 동력 비용)을 줄일 수 있다.

3.3 가역 반응에 관해서 고려되어야할 점들

많은 수의 중요한 기체상 촉매 반응들이 가역적으로 일어나므로, 가역 반응의 특성을 반응기 설계에 반영시키기 위해서 고려되어야 할 점들을 따져보기로 한다. 이 점들은 다음과 같이 반응 평형과 반응 속도의 관점들에서 고려되어야 한다.

3.3.1 반응 평형의 관점

위의 예제 4-1에서는 일정한 온도와 일정한 몰 비(한계 반응물질에 대한 불활성 물질의 몰 비)의 조건에서 압력의 변화가 반응 평형에 미치는 영향 뿐 만 아니라 일정한 압력과 일정한 온도의 조건에서 몰 비의 변화가 반응 평형에 미치는 영향이 조사되었다. 이 절에서 우리는 일정한 압력과 일정한 몰 비의 조건에서 온도에 대한 전화율의 의존성을 통해서 온도의 변화가 반응 평형에 미치는 영향을 조사할 예정이다. 즉, 평형에 도달해 있는 [A + · · · ⇄ 생성물질들] 의 반응에 대해서 $f_{A,eq}(T)$의 거동을 조사하고자 한다; $f_{A,eq}$는 평형 상태에서 A의 전화율 f_A를 나타낸다. 이 거동에 관해서 발열 반응과 흡열 반응 사이에 중요한 차이점이 존재한다. van't Hoff 관계식에 따르면, 온도가 증가함에 따라서, 발열 반응의 경우에는 평형 상수(K_{eq})가 감소하고 흡열 반응의 경우에는 평형 상수가 증가한다; $f_{A,eq}(T)$의 거동도 이것에 부합되는 양상을 가진다.

SO_2의 산화반응과 같은 발열 반응의 한 예로서 그림 4.2에는 특정한 압력과 초기 조성에 대한 SO_2의 평형 전화율 $f_{SO_2,eq}$의 온도에 대한 거동을 나타내었다.

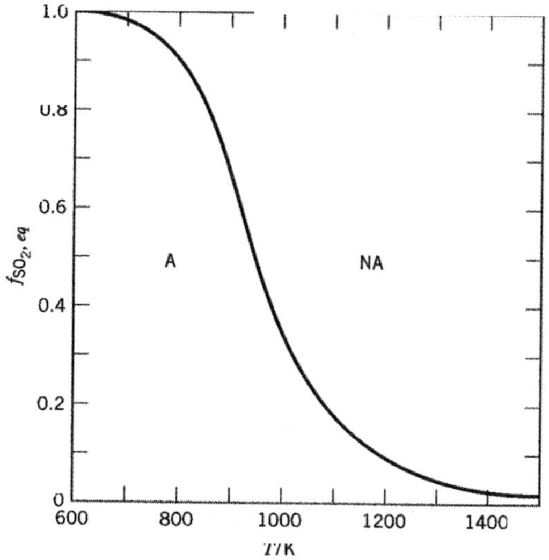

그림 4.2_ $SO_2 + (1/2)O_2 \rightleftarrows SO_3$ 반응에 있어서 온도에 대한 $f_{SO_2,eq}$의 의존성; P = 0.101MPa; 원료의 조성 ~ 9.5mol% SO_2, 11.5% O_2, 79% N_2; A = 도달가능한 영역, NA = 도달 불가능한 영역 (Missen 등, 1991)

$f_{SO_2,eq}$는 600K에서 사실상 1로부터 1500K에서 거의 0으로 (온도가 증가함에 따라서) 전형적인 S 자 형태sigmoidal manner에 의해서 감소한다. 위에서 서술된 반응 조건에서, 유일하게 허용되는 비평형 상태들은 A 로 표시된 (도달가능한) 영역에 위치한다; NA 로 표시된 영역은 도달할 수 없는 영역이다. 즉, 주어진 초기 조건에서 실제 반응기가 A 영역에서는 운전될 수 있지만 NA 영역에서는 운전될 수 없다. 평형 곡선은 이 두 영역들 사이의 경계에 해당되며, f_{SO_2}의 상한 값upper limit을 나타낸다. 예제 4-1에서 밝혀진 것처럼, 평형 곡선의 위치는 압력 또는 원료 조성을 변화시킴으로써 바뀔 수 있다.

흡열 반응에 대한 한 예를 1절에 소개된 에틸벤젠의 탈수소반응을 사용하여 다음의 예제에서 자세히 다루고자 한다.

예제 4-3

평형에 도달해 있는 에틸벤젠의 탈수소반응 $C_8H_{10}(EB) \rightleftarrows C_8H_8(S) + H_2$에 있어서 $P = 0.14$MPa과 EB에 대한 불활성 기체(스팀, H_2O)의 초기 몰 비 $r = 15$의 조건에서 에틸벤젠의 평형 전화율 $f_{EB,eq}(T)$를 계산하여 플롯하라. 이상-기체 거동을 가정하고 반응 평형 상수 $K_p = 8.2 \times 10^5 \exp(-15,200/T)$MPa를 사용하라.

[풀이]

먼저 $f_{EB,eq}(T)$에 대한 표현을 유도한 다음, 이것으로부터 계산된 에틸벤젠의 평형 전화율을 플롯하기로 하자. 평형 전화율에 대한 표현은 평형 상수에 대한 관계식으로부터 구할 수 있으며, 또한 평형 상수는 다음과 같은 양론 표에 의해서 평형 전화율과 관련지어진다:

종species	초기 물질량moles	변화량	최종 물질량moles
$C_8H_{10}(EB)$	1	$-f_{EB,eq}$	$1 - f_{EB,eq}$
$C_8H_8(S)$	0	$f_{EB,eq}$	$f_{EB,eq}$
H_2	0	$f_{EB,eq}$	$f_{EB,eq}$
H_2O(불활성)	r	0	r
합계	$1 + r$		$1 + r + f_{EB,eq}$

각각의 종에 대해서 분압의 정의를 적용하면 $p_i = x_i P$이므로,

$K_p = p_S p_{H_2}/p_{EB} = f^2_{EB,eq}P^2 (1 + r + f_{EB,eq})/(1 + r + f_{EB,eq})^2(1 - f_{EB,eq})P$

위의 관계식을 $f_{EB,eq}$에 대해서 풀면,

$$f_{EB,eq} = [r/2(1 + P/K_p)]\{[1 + 4(1 + r)(1 + P/K_p)/r^2]^{1/2} - 1\}$$

$P = 0.14\text{MPa}$과 $r = 15$를 윗 식에 대입하면,

$$f_{EB,eq} = [7.5/(1 + 0.14/K_p)]\{[1 + (0.284)(1 + 0.14/K_p)]^{1/2} - 1\}$$

이 관계식과 $K_p = 8.2 \times 10^5\exp(-15{,}200/T)$를 함께 사용하면 $f_{EB,eq}(T)$를 계산할 수 있다. 즉, K_p에 대한 표현을 $f_{EB,eq}$에 대한 관계식에 대입하여 T에 대한 함수로 푼 결과들을 그림 4.3에 플롯하였다.

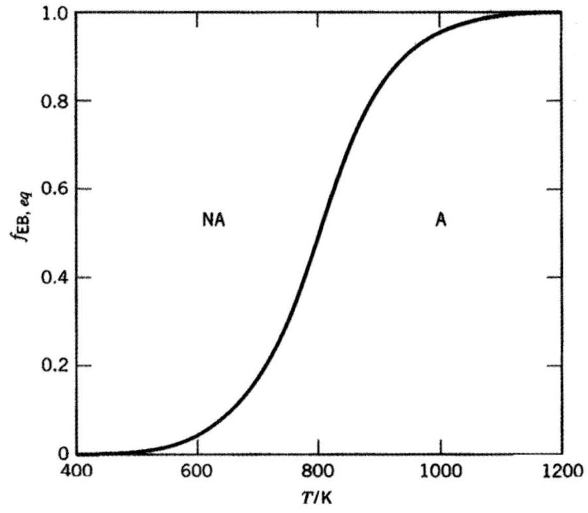

그림 4.3_ C_8H_{10}(EB) ⇄ C_8H_8 + H_2 반응에 있어서 온도에 대한 $f_{EB,eq}$의 의존성

$f_{EB,eq}$는 400K에서 사실상 0으로부터 1200K에서 사실상 1로 (온도가 증가함에 따라서) 전형적인 S자 형태에 의해서 증가한다. 영역 A와 NA는 그림 4.2에서처럼 도달가능한 영역과 도달 불가능한 영역을 각각 나타낸다.

3.3.2 반응 속도의 관점

가역적인 발열 반응의 속도는 전화율 f가 일정할 경우 온도가 증가함에 따라서 최대값을 통과하지만, 온도 T가 일정할 경우 전화율이 증가함에 따라서 감소한

다. (이러한 결론은 그 반응이 촉매 반응이든 비촉매 반응이든 성립된다.) 이와 같은 두 가지 특징들은 그림 4.4에서 다음과 같은 Eklund(1956)의 반응 속도 법칙에 근거하여 SO_2 산화반응에 대해서 그래프로 설명되고 있다:

$$(-r_{SO_2}) = k_{SO_2}(p_{SO_2}/p_{SO_3})^{1/2}[p_{O_2} - (p_{SO_3}/p_{SO_2}K_p)^2] \qquad (4\text{-}15)$$

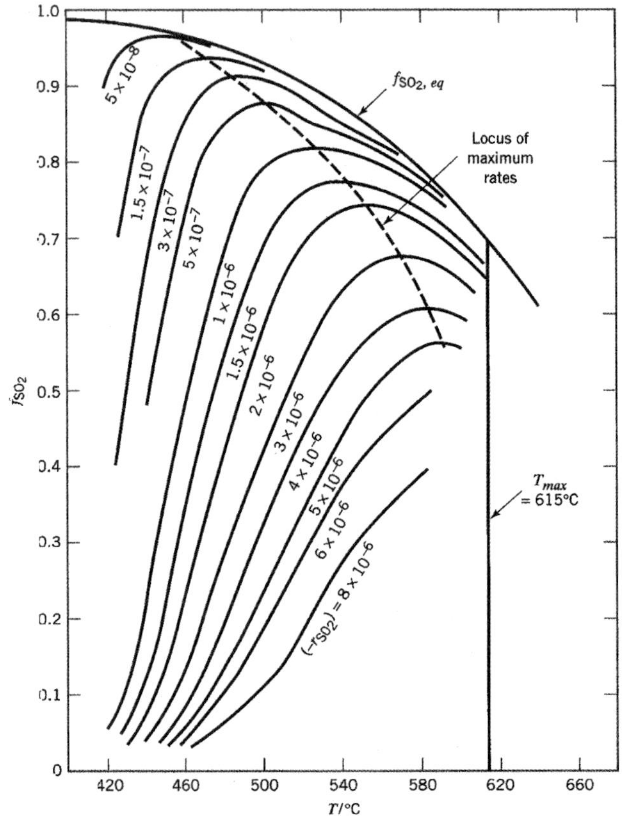

그림 4.4_ $SO_2 + (1/2)O_2 \rightleftarrows SO_3$ 반응에 있어서 반응속도식 (4-15)에 의한 $(-r_{SO_2})$를 매개변수로 하여 나타낸 f_{SO_2}의 온도 의존성; $(-r_{SO_2})$는 mol SO_2/(g cat)·s 단위 사용; P = 0.101MPa; 원료: 9.5mol% SO_2, 11.5% O_2, 79% N_2; 8×25mm 원통형 촉매 입자들을 사용.

그림 4.4에서 f_{SO_2}는 $(-r_{SO_2})$를 매개변수로 하여 온도 T에 대해서 플롯되었으며, 그림 4.2에 나타낸 $f_{SO_2,eq}$가 그림 4.4에서 가장 윗 부분에 위치한 곡선으로서 부분적으로 표시되었다. 일정한 반응 속도 $(-r_{SO_2})$에 대한 여러 가지 곡선들이 그

림 4.2에서의 도달가능한 영역 A에 해당되는 상업적 운전의 영역에서 제시되고 있다. 그러나 그림 4.4에서 이 영역에 위치한 각각의 점은 $\{f_{SO_2}, T\}$에 대응되는 $(-r_{SO_2})$의 값을 나타낸다. 촉매의 비활성화를 피하기 위하여 촉매에 허용될 수 있는 최고 온도(T_{max})를 615℃로 가정하였다.

그림 4.4에서 일정한 반응 속도 $(-r_{SO_2})$에 대한 각각의 곡선은 특정한 값의 $\{f_{SO_2}, T\}$에서 최대값을 가지는데, 주어진 값의 f_{SO_2}에 대해서 이 최대값은 해당되는 전화율에서 가장 큰 반응 속도의 값이다; 이러한 점들을 따라서 그려진 파선을 최대 반응 속도들의 궤적locus이라고 부른다. 주어진 온도 T 에 대해서는 이것에 비교할 만 한 거동이 존재하지 않는다; f_{SO_2}가 증가함에 따라서 $(-r_{SO_2})$가 단조롭게monotonically 감소한다.

에틸벤젠의 탈수소반응과 같이 가역적인 흡열 반응의 속도는 전화율 f가 일정할 경우 온도의 변화에 따른 최대값을 가지지 않는 대신, 온도가 증가함에 따라서 단조롭게 증가한다. 또한, 가역 흡열 반응 속도는 온도 T가 일정할 경우 전화율 f가 증가함에 따라서 감소하는데, 이 거동은 바로 위에서 서술된 가역 발열 반응 속도의 그것과 동일하다. 반응기 설계에 있어서 반응 속도의 근거를 적절하게 규정하는 데 주의를 기울여야 하는데, 고정층 촉매 반응기의 경우 가장 유용한 설계 근거는 촉매 질량이므로 mol/(kg cat)·s의 단위로 나타내는 촉매 단위 질량 당 반응 속도 $(-r_A)_m$을 사용하는 것이 바람직하다. $(-r_A)_m$는 반응기(또는 촉매 층) 단위 부피 당 반응 속도 $(-r_A)_\nu$와 촉매 층 밀도 ρ_B에 의해서 다음과 같이 연관될 수 있다:

$$(-r_A)_m = \rho_B(-r_A)_\nu \tag{4-16}$$

또한, 반응 속도를 촉매 입자들의 체적을 기준으로 나타내는 것도 편리한데, 촉매 입자 단위 체적 당 반응 속도 $(-r_A)_p$는 $(-r_A)_m$과 촉매 입자 밀도 ρ_p에 의해서 다음과 같이 연관된다:

$$(-r_A)_p = \rho_p(-r_A)_m \tag{4-17}$$

관계식 (4-17)은 Thiele modulus의 계산을 위해서 반응 속도 상수를 촉매 질량 기준에서부터 촉매 입자 체적 기준으로 변환하는데 사용될 수 있다. 이 장에서 추가적인 표시가 없이 사용되는 $(-r_A)$는 $(-r_A)_m$을 의미한다.

4. 반응기 모델의 분류

고정층 촉매 반응기의 설계는 물질 수지 방정식과 에너지 수지 방정식을 사용하여 주어진 원료 조성, 전화율, 그리고 생성물질 생산 속도에 필요한 촉매의 양, 반응기 내부의 농도 및 온도 이력들, 그리고 이러한 목적을 달성하기 위한 (온도 차원에서의) 운전 방식을 결정하는 것이다. 적절한 형태의 물질 및 에너지 수지 방정식과 반응 및 열 전달에 관한 속도식이 반응기 모델을 구성하는 주요한 설계 방정식들이다. 반응기 설계를 위해서 어떤 특정한 반응기 모델을 사용하기 전에 고정층 촉매 반응기에 대해서 일반적으로 고려되는 반응기 모델들의 분류에 대한 근거를 기술하고자 한다. 이러한 분류의 근거를 그림 4.5에 나타내었으며, 축 방향의 유체 흐름에 대한 제어 부피control volume를 그림 4.6에 나타내었다. 이와 같은 다이아그램들diagrams은 용기 내부 또는 관 내부에 충진된 촉매 층에 적용될 수 있다. (관 외부에 충진된 촉매 층에 적용시키기 위해서는 수정이 필요하다 – 5.4.2절 참조.)

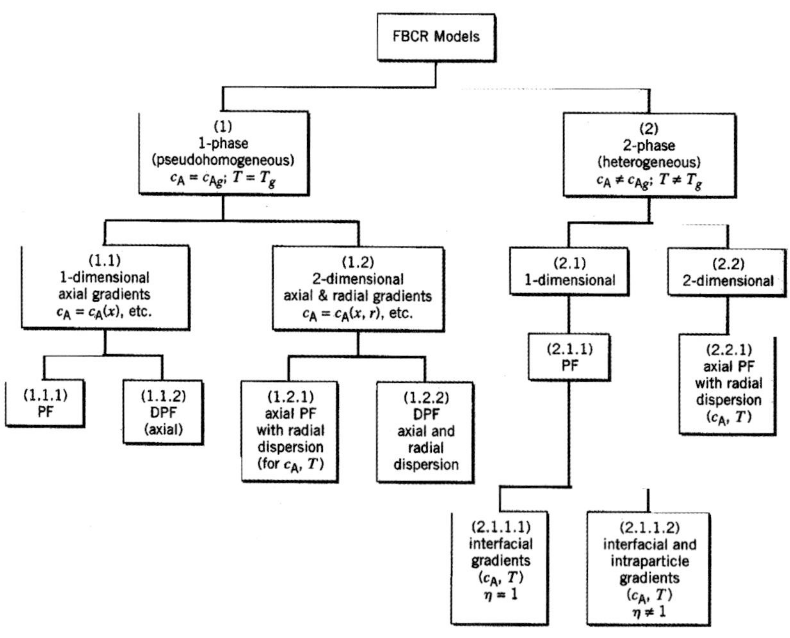

그림 4.5_ 고정층 촉매 반응기(FBCR) 모델들의 분류 (PF = plug flow; DPF = dispersed plug flow) (Missen 등, 1999)

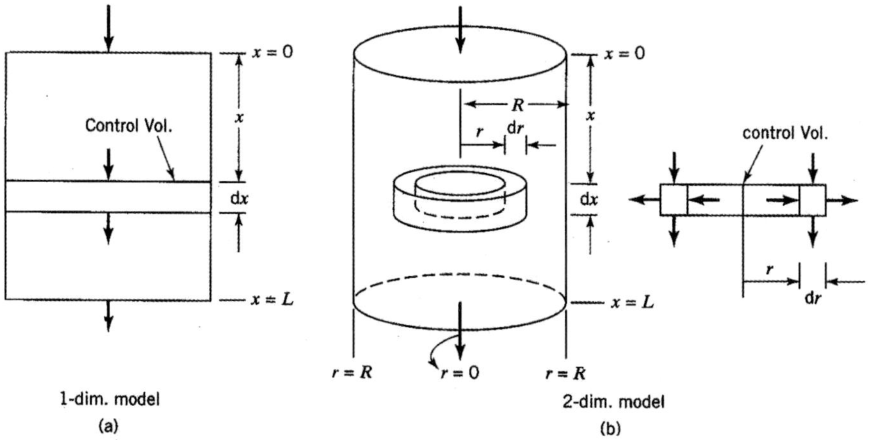

그림 4.6_ FBCR 모델에서 제어 부피에 대한 다이아그램: (a) 1차원 모델; (b) 2차원 모델

그림 4.5에 나타낸 것처럼 FBCR 모델들의 분류에는 다음과 같이 세 가지 수준에서의 이분화bifurcation가 존재한다:

(1) 단일상(one-phase; 유사균일상) 대비versus 2상(two-phase; 불균일상) 거동;

(2) 농도와 온도의 1차원적 구배gradient 대비 2차원적 구배;

(3) 플러그 흐름(plug flow; PF) 대비 분산이 있는 플러그 흐름(dispersed plug flow; DPF).

위의 (1)과 (2)에서 서술된 것들은 아래와 같이 추가적인 설명을 필요로 하는데, 이 장에서의 구배들은 촉매 층의 차원(즉, 반응기의 축 방향 그리고 반경 방향)에서의 구배들로서 제 2 장에서 다룬 개별 촉매 입자의 차원(즉, 촉매 입자의 기하학적 형상에 의해서 결정되는 차원)에서의 그것들과 구별되어야 한다.

(1) 단일-상 또는 유사균일상 모델에서는 촉매 입자 내부의intraparticle 구배들이 무시되므로 촉매 층의 어느 지점에서나 농도(C_A) 또는 온도(T)의 값이 해당되는 지점에서의 유체 본체의 농도 또는 온도의 값(C_{Ag} 또는 T_g)과 각각 동일하다. 따라서 실제적으로 유체와 고체 촉매로 이루어진 2상 계system가 마치 하나의 상으로 존재하는 것처럼 취급된다. 2상 또는 불균일상 모델에서는 촉매 입자 내부의 구배들이 고려되어야 하므로 입자 내부의 농도 또는 온도의 값은 입자가 위치한 지점에서의 유체 본체의 농도 또는 온도의 값과 각각 동일하지 않다. (즉, $C_A \neq$

C_{Ag}, 그리고 $T \neq T_g$) 이러한 구배들의 영향은 제 2 장에서 다룬 입자 유효성 인자 η 또는 총괄 유효성 인자 η_o에 반영된다. 반응기가 거의 등온 상태에서 운전된다면 하나의 값의 η 또는 η_o에 의해서 촉매 입자 내부의 온도 및 농도 구배를 충분하게 표현할 수 있다. 그러나, 비등온 상태의 운전에서는 반응기의 길이(촉매 층의 깊이)에 따라서 유효성 인자가 변하므로 이러한 거동이 반응기 모델에 의해서 분명하게 설명되어야 할 필요가 있다. 촉매 입자들 사이의interparticle 구배와 촉매 입자 내부의 구배에 의한 영향의 추가적인 검토는 6절에서 다루게 될 예정이다.

(2) 1차원적 모델에서는 촉매 층 차원에서의 농도와 온도 구배들이 유체 본체 흐름의 축 방향으로만 고려되는 반면, 2차원적 모델에서는 축 방향과 반경 방향 모두에서 촉매 층 차원의 구배들이 고려된다.

아래의 예제에서는 그림 4.5에 의해서 분류된 고정층 촉매 반응기 모델들 가운데 (1.2.2) 모델, 즉, 유사균일상이며, 2차원적이고, 분산이 있는 플러그 흐름 모델에 대하여 물질 수지 및 에너지 수지 방정식을 유도하는 과정을 설명하였다.

예제 4-4

유사균일상이며, 2차원적이고, 분산이 있는 플러그 흐름 모델에 근거한 고정층 촉매 반응기 모델에 대하여 연속 방정식continuity equation과 에너지 방정식을 유도하라. 필요한 가정을 설명하고 이들 방정식들의 경계 조건들을 서술하라.

[풀이]

사용되는 기호와 촉매 층의 제어 부피는 그림 4.6(b)에 나타내었다. 이 문제를 푸는데 필요한 가정은 다음과 같다:

(1) 반응 양론식은 [A(*g*) + · · · → 생성물질들] 로 표시된다.

(2) 반응기는 정상-상태로 운전되고 있다.

(3) 유체 밀도는 반드시 일정하지는 않다.

(4) 반응물질 A의 농도 C_A와 온도 T는 반응기 내부에서 축 방향과 반경 방향의 위치에 따른 함수이다: $C_A = C_A(x, r)$; $T = T(x, r)$.

(5) 유체 흐름 방향의 선 속도linear velocity는 축 방향의 위치에 따른 함수 $u = u(x)$이다; 즉, 질량 속도 G, 반경 방향의 유효 분산 계수 D_{er}, 그리고 반경 방향의

유효 열 전도도 k_{er}는 반경 방향의 위치와는 관계없다.

(6) 유체의 열 용량 C_p와 반응 열 $(-\Delta H_{RA})$은 일정하다.

연속 방정식: 제어 부피 주변에서의 반응물질 A에 대한 물질 수지로부터,

(유체 본체의 흐름에 의한 A의 유입 속도) + (축 방향의 분산)

+ (반경 방향의 분산) = (유체 본체의 흐름에 의한 A의 유출 속도)

+ (축 방향의 분산) + (반경 방향의 분산) + (화학 반응에 의한 A의 소모 속도)

이 수지 식balance equation의 각 항을 수학적으로 나타내면,

$$uC_A 2\pi r dr - D_{ex}2\pi r dr(\partial C_A/\partial x) - D_{er}2\pi r dr(\partial C_A/\partial r) =$$

$$2\pi r dr[uC_A + \partial(uC_A)/\partial x \cdot dx] - D_{ex}2\pi r dr[\partial C_A/\partial x + \partial(\partial C_A/\partial x)/\partial x \cdot dx]$$

$$- D_{er}2\pi dx[r(\partial C_A/\partial r) + \partial(r\partial C_A/\partial r)/\partial r \cdot dr] + \rho_B(-r_A)2\pi r dr dx$$

윗 식을 간단히 하면 다음과 같이 C_A에 대한 2차 편미분 방정식이 된다:

$$D_{ex}\partial^2 C_A/\partial x^2 + D_{er}[\partial^2 C_A/\partial r^2 + (1/r)(\partial C_A/\partial r)] - \partial(uC_A)/\partial x - \rho_B(-r_A) = 0 \quad (4\text{-}18)$$

여기서 D_{ex}는 축 방향의 유효 분산 계수이고, 모든 항들의 단위는 mol A/m^3 · s이다. (단위에 있어서 체적은 촉매 층 또는 반응기의 체적을 의미한다.) 또한, 유체 흐름 방향의 선 속도 u는 비어있는 반응기에서의 겉보기 선 속도 u_s가 아니라 촉매 층의 공극율을 반영한 속도로서 $u = q/A_c$에 의해서 결정된다. 여기서 q는 입자들 사이의 공극을 통해서 흐르는 유체의 부피 유속이며, Ac 는 반응기 또는 촉매 층의 단면적이다. 마찬가지로, D_{ex}와 D_{er}도 촉매 층의 공극율을 반영한 유효 분산 계수들로서 겉보기 단위는 m^2/s이고 실제 단위는 m^3(유체)/m(용기) · s이다.

에너지 방정식: 제어 부피 주변에서의 엔탈피 수지로부터,

(유체 본체의 흐름에 의한 엔탈피 유입 속도) + (축 방향의 열 전도)

+ (반경 방향의 열 전도) + (화학 반응에 의한 엔탈피 생성 속도)

= (유체 본체의 흐름에 의한 엔탈피 유출 속도) + (축 방향의 열 전도)

+ (반경 방향의 열 전도)

이 수지 식의 각 항을 수학적으로 나타내면,

$$G2\pi r dr c_p(T - T_{ref}) - k_{ex}2\pi r dr(\partial T/\partial x) - k_{er}2\pi r dx(\partial T/\partial r)$$

$$+ \rho_B(-r_A)(-\Delta H_{RA})2\pi r dr dx = G2\pi r dr c_p[(T - T_{ref}) + (\partial T/\partial x)dx]$$

$$- k_{ex}2\pi r dr[\partial T/\partial x + \partial(\partial T/\partial x)/\partial x \cdot dx] - k_{er}2\pi dx[r(\partial T/\partial r)$$

$$+ \partial(r \cdot \partial T/\partial r)/\partial r \cdot \mathrm{d}r]$$

연속 방정식에서 사용한 방법과 같은 방법으로 윗 식을 간단히 하면 다음과 같이 T에 대한 2차 편미분 방정식이 된다:

$$k_{ex}\partial^2 T/\partial x^2 + k_{er}[\partial^2 T/\partial r^2 + (1/r)(\partial T/\partial r)] - Gc_p(\partial T/\partial x)$$
$$+ \rho_B(-r_A)(-\Delta H_{RA}) = 0 \qquad (4\text{-}19)$$

여기서 k_{ex}는 축 방향의 유효 열 전도도이며 c_p는 유체 흐름의 열 용량heat capacity이다. 미분 방정식 (4-18)과 (4-19)의 형태가 유사함을 주목할 필요가 있다.

위의 방정식들을 풀기 위하여 경계 조건들을 다음과 같이 선택한다:

먼저, 반응기 또는 촉매 층 입구에서 Danckwert의 경계 조건들을 사용하면,

$$x = 0\ ;\ u(C_{Ao} - C_A) = -D_{ex}\mathrm{d}C_A/\mathrm{d}x \qquad (4\text{-}20)$$

$$Gc_p(T_o - T) = -k_{ex}\mathrm{d}T/\mathrm{d}x \qquad (4\text{-}21)$$

반응기 또는 촉매 층 출구에서 분산에 의한 흐름이 더 이상 없으므로,

$$x = L\ ;\ \mathrm{d}C_A/\mathrm{d}x = \mathrm{d}T/\mathrm{d}x = 0 \qquad (4\text{-}22)$$

반응기의 반경 방향에 대해서는,

$$r = 0\ ;\ \partial C_A/\partial r = \partial T/\partial r = 0 \qquad (4\text{-}23)$$

$$r = R\ ;\ \partial C_A/\partial r = 0 \qquad (4\text{-}24)$$

$$-k_{er}(\partial T/\partial r)_{r=R} = U(T_{r=R} - T_s) \qquad (4\text{-}25)$$

여기서 U는 반응기 외부의 열 전달 계수이고, T_s는 반응기의 주변 온도이다.

그림 4.5에서 분류된 고정층 촉매 반응기 모델들 가운데 상대적으로 간단한 유사균일상 모델들의 경우, 즉, (1.1.1), (1.1.2), 그리고 (1.2.1) 모델의 경우, 미분 방정식 (4-18)과 (4-19)와 같은 연속 방정식과 에너지 방정식을 각각 얻을 수 있다. 아래에 서술된 4.5 절에서는 간단한 (1.1.1) 모델이 다뤄질 예정이다. 이러한 모델에 대해서 (그리고 (1.1.2) 모델과 같이 다른 1차원적 모델에 대해서도) 반응기 벽을 통한 열 전도가 있는 경우와 단열 운전의 경우에 있어서 반경 방향의 열 전도 항들terms이 어떻게 되는지를 고려하여야 한다. 6절에서는 보다 복잡한 불균일상 모델들 가운데 하나인 (2.1.1.2) 모델이 간략하게 다뤄질 예정이다. 그리고 7절에서는 1차원적 모델들과 2차원적 모델들을 간략하게 비교 검토할 예정이다.

5. 유사균일상, 1차원적, 플러그 흐름 모델

5.1 연속 방정식

그림 4.5에 의해서 분류된 고정층 촉매 반응기 모델들 가운데 가장 간단한 모델에 해당되는 (1.1.1) 모델에서는 반응기 내부의 유체-고체 계fluid-solid system가 유사균일상이며 유체의 흐름이 1차원적인 플러그 흐름이므로 $D_{ex} = D_{er} = 0$이고 $C_A = C_A(x)$이다. 따라서 미분 방정식 (4-18)이 다음과 같이 간략하게 바뀐다:

$$d(uC_A)/dx + \rho_B(-r_A) = 0 \tag{4-26}$$

전화율 f_A를 사용하여 나타내면 $uC_A = qC_A/\pi r^2 = F_A/\pi r^2 = F_{Ao}(1 - f_A)/\pi r^2$이며 그 결과 $d(uC_A) = -(F_{Ao}/\pi r^2)df_A$이므로, 미분 방정식 (4-26)을 다음과 같이 전화율 f_A에 대한 형태로 나타낼 수 있다:

$$df_A/dx - \pi r^2\rho_B(-r_A)/F_{Ao} = 0 \tag{4-27}$$

여기서 F_A와 F_{Ao}는 각각 촉매 층과 원료 흐름에서의 반응물질 A의 물질량 유속을 의미한다. 연속 방정식의 가장 유용한 형태는 필요한 촉매의 양 W을 (촉매 층의 깊이 x에서의) 전화율 f_A에 의해서 계산할 수 있도록 하는 것이다.

$W = \rho_B V = \rho_B\pi r^2 x$이고 $dx = dW/\rho_B\pi r^2$이므로, 미분 방정식 (4-27)을 다음과 같이 촉매의 양 W와 전화율 f_A에 대한 형태로 나타낼 수 있다:

$$dW/df_A - F_{Ao}/(-r_A) = 0 \tag{4-28}$$

미분 방정식 (4-28)을 변수 분리하여 적분하면 다음과 같이 고정층 촉매 반응기의 설계에 유용한 성능식을 얻을 수 있다:

$$W = F_A\int[1/(-r_A)]df_A \tag{4-29}$$

관계식 (4-29)는 고정층 촉매 반응기의 설계 방정식으로서 균일상 플러그 흐름 반응기(Plug-flow Reactor; PFR)의 체적 V에 대한 설계 방정식과 동일한 형태 임을 주목할 필요가 있다. 두 방정식들 사이의 중요한 차이점은 피적분 함수에 포함된 반응 속도 $(-r_A)$의 단위와 수치numerical value 인데, 고정층 촉매 반응기의 설계 방정식에서 촉매 질량 기준의 $(-r_A)_m$가 사용되는 반면, 균일상 PFR의 설계 방정식에서는 반응기 체적 기준의 $(-r_A)_\nu$가 사용되기 때문이다. 3.3.2절에서 이미 언급된 바와 같이, 촉매 질량 기준의 반응 속도 $(-r_A)$ 또는 $(-r_A)_m$과 반응기 체적 기준의 반응 속도 $(-r_A)_\nu$ 사이에는 $\rho_B(-r_A)_m = (-r_A)_\nu$와 같은 상관 관계가 존재한다.

연속 방정식 (4-27)의 또 다른 형태를 물질량 유속에 의해서 나타내면 $F_A = \pi r^2 u C_A$이므로,

$$dF_A/dx + \pi r^2 \rho_B(-r_A) = 0 \tag{4-30}$$

위와 같은 형태의 연속 방정식은 전화율 f_A에 따라서 밀도가 변하는 계 또는 복합–반응complex-reaction 계의 운전에 사용되는 고정층 촉매 반응기의 설계에 유용하다.

반응 속도 $(-r_A)$가 전화율 f_A 뿐만 아니라 온도 T에 대한 의존성도 가지므로 촉매의 질량 W 를 결정하기 위해서는 연속 방정식 뿐 만 아니라 에너지 방정식까지 사용할 필요가 있다. 에너지 방정식의 형태는 온도와 연관된 반응기 운전 방식에 의해서 결정되는데, 다음 절에서 여러 가지 경우들을 다루게 된다. 대부분의 경우 압력 강하 $(-\Delta P)$가 상대적으로 작으므로 촉매의 질량 W를 구하는 과정에서 압력 강하의 영향을 무시하였으나, 압력 강하는 주어진 W로부터 반응기의 직경과 촉매 층의 깊이를 결정하는데 있어서 중요한 설계 요소이다 (3.2절에서 이미 서술된 바 있음).

5.2 단일–단계single-stage 반응기의 최적 운전

설계 방정식 (4-29)에 의하면, 주어진 전화율 f_A에 대하여 반응 속도 $(-r_A)$가 최대값일 경우 필요한 촉매의 양은 최소값 W_{min}이 된다. 가역 발열 반응에 있어서 이것은 제한 온도 T_{max}의 범위 내에서 최대 반응 속도의 궤적을 따라 반응기를 비단열적nonadiabatically 및 비등온적으로nonisothermally 운전하는 것을 의미한다. 가역 흡열 반응의 경우에는 이것은 실행가능한 온도의 가장 높은 값에서 반응기를 등온 상태로 운전하는 것을 의미한다. 이와 같은 경우들에 대한 반응 경로(f_A versus T)를 그림 4.7에 각각 나타내었다; 그림 4.7(a)는 발열 반응에 대한 것이고 그림 4.7(b)는 흡열 반응에 대한 것이다. 그림 4.7에서 T_{max}는 실행가능한 온도의 가장 높은 값으로써, 흔히 촉매의 안정성stability에 의해서 결정된다.

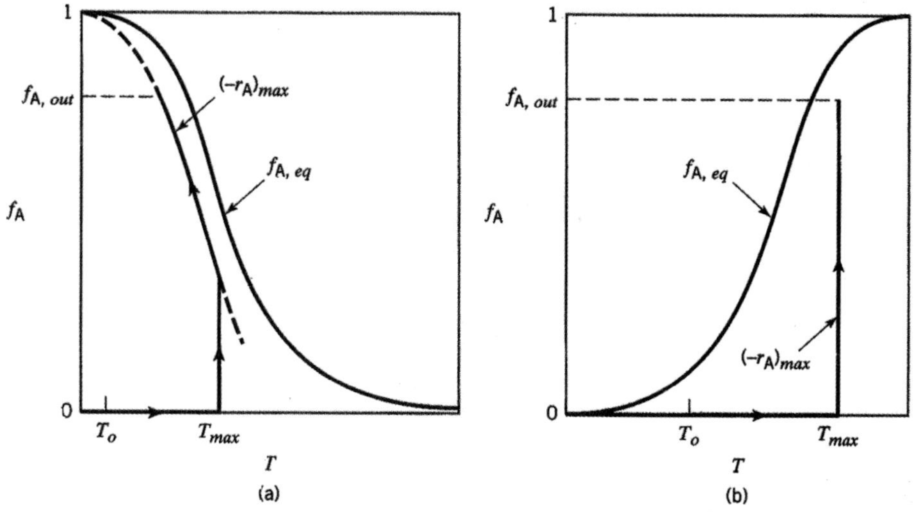

그림 4.7_ 고정층 촉매 반응기에 있어서 최소 촉매량 W_{min}에 해당되는 반응 경로: (a) 발열 반응 (비단열, 비등온 운전), (b) 흡열 반응 (등온 운전)

그림 4.7(a)에서 원료 흐름의 전화율이 0이고, 즉, f_{Ao} = 0이고 원료 흐름의 온도 T_o < T_{max}로 가정하였다. 먼저 예열 장치에서 원료 흐름을 가열하여 온도를 T_{max}로 증가시킨 다음, T_{max}가 최대 반응 속도 $(-r_A)_{max}$와 교차할 때까지는 반응기를 등온 상태에서 운전하고, 그 이후에는 규정된 최종 전화율 $f_{A,out}$에 도달할 때까지 $(-r_A)_{max}$의 궤적을 따라서 반응기를 운전한다. 이 마지막 부분이 반응기 내부의 각 지점에서 온도의 적절한 조절을 필요로 하므로 반응기 운전 방식이 결과적으로 비단열적이고 비등온적이다. 그러한 정확하고도 연속적인 온도의 조절이 비현실적이긴 하지만, 실제의 설계 경로는 본질적으로 이러한 온도 조절 방식에 최대한 근접하려고 노력한다.

그림 4.7(b)에서 반응기 자체는 T_{max}에서 등온 반응 경로를 따르는데, 그 이유는 흡열 반응의 경우에 있어서 이러한 반응 경로가 최대 반응 속도의 궤적을 나타내기 때문이다. 등온 운전 방식을 엄격히 준수하는 것이 흔히 비현실적이긴 하지만, 촉매의 양을 최소화 시킬 수 있는 이상적인 경우에 해당된다.

5.3. 반응기의 단열 운전

5.3.1 단계 사이에 열 전달이 있는 다단계-배열 반응기의 운전

고정층 촉매 반응기 내부에서 유체가 1차원적 플러그 흐름으로 흐를 때, $k_{ex} = k_{er} = 0$이고 $T = T(x)$이면 미분 방정식 (4-19)가 다음과 같이 간략한 형태로 바뀐다:

$$Gc_p \mathrm{d}T/\mathrm{d}x - \rho_B(-r_A)(-\Delta H_{RA}) = 0 \qquad (4\text{-}31)$$

필요한 경계 조건은

$$x = 0\ ;\ T = T_o \qquad (4\text{-}32)$$

미분 방정식 (4-31)에 의해서 촉매 층을 통한 축 방향의 온도 이력을 결정할 수 있다. 그러나 설계 방정식 (4-29)로부터 촉매량 W를 구하기 위해서는 미분 방정식 (4-31)을 변형시켜 전화율 f_A와 온도 T의 관계식을 구하여야 한다. 관계식 (4-10)에서 $G = \dot{m}/\pi r^2$이고 관계식 (4-2)와 미분 방정식 (4-28)로부터

$$\mathrm{d}x = \mathrm{d}V/\pi r^2 = \mathrm{d}W/\rho_B\pi r^2 = F_{Ao}\mathrm{d}f_A/(-r_A)\rho_B\pi r^2$$

이므로 관계식 (4-31)에서 G와 $\mathrm{d}x$에 대입하여 정리하면,

$$\mathrm{d}f_A = [\dot{m}c_p/(-\Delta H_{RA})F_{Ao}]\mathrm{d}T \qquad (4\text{-}33)$$

$\mathrm{d}T$의 계수 $[\dot{m}c_p/(-\Delta H_{RA})F_{Ao}]$가 일정하고 원료 흐름의 전화율이 0이면(즉, $T = T_o$에서 $f_A = 0$이면), 미분 방정식 (4-33)을 적분하여 다음과 같이 전화율 f_A와 온도 T의 관계식을 얻을 수 있다:

$$f_A = [\dot{m}c_p/(-\Delta H_{RA})F_{Ao}](T = T_o) \qquad (4\text{-}34)$$

$\mathrm{d}T$의 계수가 일정한 상태에서 미분 방정식 (4-33)을 다단계 배열의 반응기에서 i번째 단계의 입구에서부터 출구까지 적분하면,

$$\Delta f_A = f_{Ai} - f_{Ai\text{-}1} = [\dot{m}c_p/(-\Delta H_{RA})F_{Ao}](T_i - T_{i\text{-}1}) \qquad (4\text{-}34a)$$

이상 용액ideal solution으로 이루어진 유체 흐름에 대해서는 위의 관계식들에서 $\dot{m}c_p$를 F_tc_p로 치환할 수 있는데, F_t와 c_p는 각각 유체 흐름의 총괄 물질량 유속과 물질량 기준 열 용량이다. 미분 방정식 (4-33) 또는 그것에 동등한 방정식들을 적분하는 과정에서 $\dot{m}c_p$와 F_tc_p의 온도 T 또는 전화율 f_A에 대한 의존성과 반응 열 $(-\Delta H_{RA})$의 온도 T에 대한 의존성을 고려해야 할 필요가 있을 수도 있으나, 반응 속도 상수 k_A에 대한 온도의 영향에 비해서 $(-\Delta H_{RA})$와 c_p에 대한 온도의 영향은

대부분의 경우 매우 작다.

단열 운전에 있어서 c_P와 $(-\Delta H_{RA})$가 일정할 경우, 관계식 (4-34)는 $f_A(T)$에 대한 선형 관계식으로써 발열 반응에 대해서는 양positive의 기울기를 가지고 흡열 반응에 대해서는 음negative의 기울기를 가진다. 이 관계식은 고정층 촉매 반응기의 조작선operating line으로 여겨질 수 있는데, 그 이유는 각각의 (f_A, T) 값이 반응기 내부의 어떤 위치 x에 실제로 존재하기 때문이다. 그림 4.8은 관계식 (4-34)로 나타낸 선형 에너지 방정식 또는 조작선을 그림 4.7에 추가한 것으로써 그림 4.8(a)는 발열 반응에 대한 것이고 그림 4.8(b)는 흡열 반응에 대한 것이다. 이 그림들은 가역 반응에 있어서 평형 제약 조건에 의해 부과되는 한계값들을 설명하고 있다.

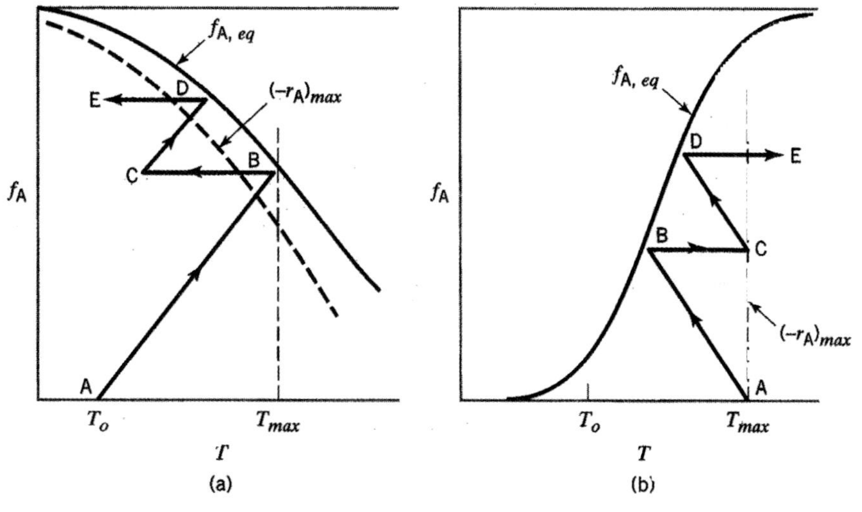

그림 4.8_ 2단계 단열 고정층 촉매 반응기에 있어서 관계식 (4-33)에 의한 조작선들 (AB와 CD): (a) 가역 발열 반응; (b) 가역 흡열 반응

그림 4.8(a)에서 조작선 AB는 관계식 (4-34)를 나타내고 있는데, 이 조작선이 평형 곡선 너머로 연장될 수 없는 것은 분명하지만 평형 곡선으로부터 B점까지의 최적 거리에 대한 질문이 남게 된다. 그림 4.8(a)는 또한 다단계 운전 방식staging operation을 사용하여 가역 발열 반응에 있어서 평형 제약조건을 극복할 수 있는

방법을 보여주고 있다. 조작선 AB는 첫 번째 단계의 운전을 나타내고 조작선 CD는 두 번째 단계의 운전을 나타낸다; 여기서 D점의 전화율이 B점의 전화율보다 높다. 첫 번째 단계와 두 번째 단계 사이에서 반응기 계system가 열 교환장치에 의해서 냉각되는데, 이러한 열 전달에 해당되는 변화는 조작선 BC에 의해 나타내어진다. 이와 같은 방식의 최적 운전에 있어서 두 번째 질문이 남게 되는데, 그것은 바로 C점의 위치에 대한 것이다. 더 높은 전화율을 달성하기 위하여 (그림에 나타내지 않은) 단계들을 추가할 수 있지만 그것에 소요되는 비용 만큼의 이득을 얻는 것이 어렵다; 그 이유는 높은 전화율 영역에서는 반응물질 농도가 낮으므로 많은 양의 촉매가 필요하지만 반응 속도는 보통 매우 낮기 때문이다. 소요되는 촉매량을 줄이기 위해서는 촉매 층과 열 교환장치들에 대한 조작선들이 최대 반응 속도 궤적을 중심으로 그 양쪽에 걸터앉는 형상을 가지는 것을 주목할 필요가 있다.

그림 4.8(b)는 가역 흡열 반응이 일어나는 반응기의 단열 운전에 있어서 다단계 운전 방식에 의하여 평형 장벽(제약조건)을 극복하는 방법을 나타내 보이고 있다. 그림 4.8(a)에 나타낸 발열 반응 계와 비교하여 그림 4.8(b)에 나타낸 흡열 반응 계가 가지는 특징 또는 차이점들은 다음과 같다:

(1) 에너지 방정식(그림 4.8(b)에 나타낸 2단계 운전에서는 조작선 AB와 CD에 해당)이 음의 기울기를 가진다.

(2) 최대 반응 속도의 궤적이 존재하지 않는다.

(3) 단계 사이의 열전달은 냉각이 아니라 가열이다.

(4) 각 단계에 대한 원료 흐름의 온도는 원칙적으로 T_{max}이다.

다음의 예제는 관계식 (4-29)와 (4-34)를 동시에 사용하여 고정층 촉매 반응기에 필요한 촉매량 W를 계산하는 과정을 설명하고 있다.

예제 4-5

유사균일상, 1차원적 플러그 흐름 반응기 모델을 사용하여 에틸벤젠(EB)의 탈수소반응이 일어나는 단일-단계 고정층 촉매 반응기의 단열 운전에 있어서 전화율 f_{EB} = 0.4를 달성하는데 필요한 촉매량 W와 촉매 층의 직경 D와 깊이 L을 계산하라. 계산에 필요한 자료는 다음과 같다:

F_{EBo} = 11mol/s; T_o = 922K; 원료 흐름의 압력 P_o = 0.24MPa;

허용가능한 압력 강하 $(-\Delta P)$ = 8.1kPa; F_{H2O} = 165mol/s; ΔH_{REB} = 126kJ/mol;

c_p = 2.4J/g · K; ε_B = 0.50; $\mu_f = 3 \times 10^{-5}$Pa · s;

ρ_B = 500kg/m^3; 촉매 입자들은 길이에 비해서 직경이 작은 원통형 형상;

d_p = 4.7mm;

반응 속도 법칙: $(-r_{EB}) = k_{EB}(p_{EB} - p_S p_{H2}/K_p)$;

$k_{EB} = 3.46 \times 10^4 \exp(-10{,}980/T)$ mol/(kg cat) · s · MPa;

$K_p = 8.2 \times 10^5 \exp(-15{,}200/T)$ MPa; 단, k_{EB}와 K_p의 온도 T는 K단위로 나타냄.

[풀이]

(a) 촉매량 W의 계산은 관계식 (4-29)와 (4-34)에 의하여 각각 주어지는 물질 수지와 에너지 수지의 해를 동시에 구하는 것을 필요로 한다:

$$W = \int_0^{0.4} [F_{EBo}/(-r_{EB})] df_{EB} \tag{A}$$

$$T = T_o + [(-\Delta H_{REB}) F_{EBo} / \dot{m} c_p] f_{EB} \tag{B}$$

관계식 (B)는 그림 4.8(b)에서 조작선 AB에 해당된다. 관계식 (A)의 적분을 계산하기 위해서는 반응 속도 법칙이 필요하다:

$$(-r_{EB}) = k_{EB}(p_{EB} - p_S p_{H2}/K_p) \tag{C}$$

$$k_{EB} = 3.46 \times 10^4 \exp(-10{,}980/T) \tag{D}$$

$$K_p = 8.2 \times 10^5 \exp(-15{,}200/T) \tag{E}$$

관계식 (C)에서 사용될 각 성분의 분압을 구하기 위하여 반응식 C_8H_{10}(EB) = C_8H_8(S) + H_2와 연계된 양론 표를 다음과 같이 작성한다(예제 4-3 참조):

성분	최초 물질량	변화량	최종 물질량
EB	F_{EBo}	$-F_{EBo}f_{EB}$	$F_{EBo}(1 - f_{EB})$
S	0	$+F_{EBo}f_{EB}$	$F_{EBo}f_{EB}$
H_2	0	$+F_{EBo}f_{EB}$	$F_{EBo}f_{EB}$
H_2O	$15F_{EBo}$	0	$15F_{EBo}$
합계			$F_{EBo}(16 + f_{EB})$

따라서,

$$p_{H2} = p_S = [f_{EB}/(16 + f_{EB})]P_o \tag{F}$$

$$p_{EB} = [(1 - f_{EB})/(16 + f_{EB})]P_o \tag{F'}$$

여기서 P_O는 반응기 입구의 압력이며 반응기 내부의 압력 강하가 P_O의 6% 크기에 불과하므로, 분압 계산의 과정에서 압력 강하를 무시하였다.

(A)에서부터 (F′)까지의 관계식들을 컴퓨터 소프트웨어 또는 사다리꼴 법칙 trapezoidal rule을 사용하여 풀면 관계식 (A)의 적분을 계산할 수 있다. 사다리꼴 법칙을 사용할 경우 다음과 같은 알고리즘algorithm을 적용할 수 있다:

(1) f_{EB}의 값을 하나 선택한다.

(2) 관계식 (B)로부터 T를 계산한다.

(3) 관계식 (D)와 (E)로부터 k_{EB}와 K_p를 각각 계산한다.

(4) 관계식 (C)로부터 $(-r_{EB})$를 계산한다.

(5) $G = F_{EBo}/(-r_{EB})$를 계산한다.

(6) $W = \sum G^*(\Delta f_{EB})$를 계산한다. 여기서 G^*는 연속된 두 개의 G 값들의 평균값이고, Δf_{EB}는 f_{EB}의 증가분increment의 크기이다.

$\Delta f_{EB} = 0.1$을 사용한 경우의 계산 결과를 아래의 표에 수록하였으며, 이 결과로부터 계산된 촉매의 양은 $W = 2768$kg이다. (컴퓨터 소프트웨어에 의한 결과는 $W = 2704$kg)

f_{EB}	T, K	$10^3(-r_{EB})$, mol/(kg cat) · s	G, kg	G^*, kg	$G^*(\Delta f_{EB})$, kg
0	922	3.49	3149		
				3697	370
0.1	908	2.59	4244		
				5077	508
0.2	894	1.86	5911		
				7313	730
0.3	880	1.26	8715		
				11596	1160
0.4	866	0.76	14476		
					합계 2768

각각의 f_{EB} 증가분 0.1에 소요되는 촉매의 양 $G^*(\Delta f_{EB})$는 f_{EB}가 증가함에 따라서 상당히 가파르게 증가한다. 이것은 촉매 층의 입구와 출구 사이에서 반응 속도 $(-r_{EB})$가 가파르게 감소하기 때문이다. 이것은 또한 전화율 f_{EB}가 증가함에 따라서 온도 T가 감소하고 그것에 의해서 k_{EB}가 감소하며, 생성물질들이 축적됨에 따라서 역 반응reverse reaction이 촉진되기 때문이다.

(b) D와 L의 계산은 예제 4-2의 경우와 유사하다. 이 경우에 있어서,

$d_p' = 1.5d_p = 0.0071\text{m}$ (관계식 (4-7)로부터)

$\dot{m} = [11(106.17) + 165(18.02)]/1000 = 4.136\text{kg/s}$

$\rho f(\text{반응기 입구}) = P_O(\dot{m}/F_{tO})/RT_O = 0.24(4.14)/(176)(8.314)(922)$

$= 0.429\text{kg/m}^3$

$\alpha = 1.75(1 - \varepsilon_B)/\varepsilon_B^3 = 1.75(1 - 0.50)/(0.50)^3 = 7.0$ (관계식 (4-14)로부터)

$\beta = 67.32\mu f(1 - \varepsilon_B)/d_p'\dot{m} = 67.32(3\times 10^{-5})(1 - 0.50)/(0.0071)(4.136)$

$= 0.0346/\text{m2}$ (관계식 (4-12)로부터)

$\kappa = 64\alpha\dot{m}^2W/\pi^3\rho f d_p'(-\Delta P)\rho_B$

$= 64(7.0)(4.136)^2(2704)/\pi^3(0.429)(0.0071)(8100)(500)= 54.5\text{m}^6$

(관계식 (4-13)로부터)

위의 β와 κ 값을 방정식 (4-11)에 대입하면,

$$D^6 - 1.89D^2 - 54.5 = 0$$

시행 오차법을 사용하여 위의 방정식을 풀면,

$$D = 1.99\text{m}$$

최종적으로 관계식 (4-1)과 (4-2)로부터,

$$L = 4W/\rho_B\pi D^2 = 4(2704)/(500)\pi(1.99)^2 = 1.74\text{m}$$

5.3.2 단계 사이에 냉각이 있는 다단계-배열 반응기의 최적 운전

이 절에서 우리는 단일 가역 발열 반응에 있어서 단계 사이에 냉각이 있는 다단계-배열 반응기의 단열 운전에 대한 최적화의 한 형태를 검토하기로 한다: 원하는 반응기 출구 전화율에 소요되는 최소량의 촉매 W_{min}을 결정하는 문제이다. 이러한 최적 운전 조건의 존재는 5.3.1절에서 제기된 두 가지 질문들에 의해서 이미 예고된 바 있는데, 그 질문들은 (i) 특정한 단계에서 평형 전화율 (f_{eq})에 접근하는 정도degree of approach와 (ii) 단계 사이의 냉각의 정도degree of cooling에 해당된다. 반응 평형에 "가깝게" 접근하면 필요한 단계들의 수(N)는 상대적으로 작지만, 평형 반응 속도가 0 에 수렴하므로 각 단계에 소요되는 촉매의 양(W)은 상대적으로 크다; 반응 평형에 더 "멀게" 접근하면 최대 반응 속도의 궤적에 더 가깝게 운전하게 되므로 각 단계에 소요되는 W는 상대적으로 더 작지만, 필요한 N은 상

대적으로 더 크다. 유사한 맥락에서, 단계 사이의 냉각의 정도가 크면 (즉, 단계 입구에서의 온도 T가 상대적으로 낮으면) 필요한 N은 상대적으로 작지만, 최대 반응 속도의 궤적에서부터 더 멀게 운전하게 되므로 각 단계에 소요되는 W는 상대적으로 크다; 단계 사이의 냉각의 정도가 작으면 (즉, 단계 입구에서의 T가 상대적으로 높으면) 이와는 반대의 현상이 발생하게 된다. 그림 4.9는 위의 질문들에 대한 극단적인 경우들을 나타내었다: 그림 4.9(a)는 반응 평형에 접근하는 정도에 대한 것이고, 그림 4.9(b)는 단계 사이의 냉각의 정도에 대한 것이다.

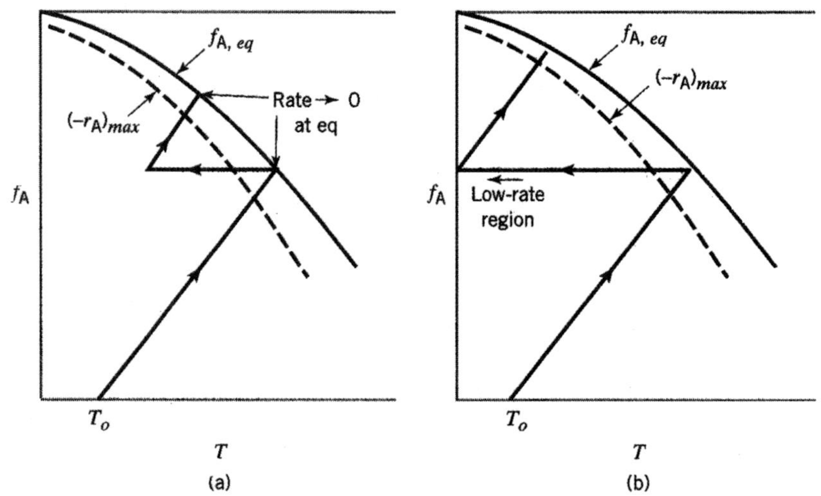

그림 4.9_ 고정층 촉매 반응기에서 상대적으로 많은 촉매량이 소요되는 극단적 경우들: (a) 반응 평형에 접근하는 정도; (b) 단계 사이의 냉각의 정도

W_{min}의 결정에 관한 두 가지 상황들을 아래에 서술하였다. 동적 프로그래밍 기법dynamic programming technique에 근거한 방법은 Aris(1965), Froment와 Bischoff(1990), 그리고 Levenspiel(1999)에 의하여 보다 더 자세히 연구되었다. SO_2 전화장치에 대한 최적 운전 기법이 Chartrand와 Crowe(1969)에 의하여 검토된 바 있다.

(1) 정해진 $N, f_{N,out}$에 대한 W_{min}

N - 단계 반응기에 있어서 W_{min}을 구하기 위해서는 $(2N - 1)$개의 값들을

결정하여야 한다: N개의 $T_{i,in}$ 값과 $(N - 1)$개의 $f_{i,out}$ 값이다 (여기서 하첨자 i는 i번째 단계를 의미한다). 이 값들을 결정하기 위해서 사용되는 두 가지 결정 기준들은 Konocki(1956)와 Horn(1961)에 의해서 다음과 같이 제시되었다:

$$(-r_A)_{i,out} = (-r_A)_{i+1,in} \quad (4\text{-}35)$$

$$\left[\int_a^b \{1/(-r_A)\} \cdot \{\partial(-r_A)/\partial T\} df_A\right]_i = 0 \quad (4\text{-}36)$$

관계식 (4-36)에서 적분의 하단과 상단으로 표시된 a와 b는 각각 $f_{A,in}$과 $f_{A,out}$이다. 첫 번째 기준은 주어진 단계를 들어서는 반응 속도가 직전 단계를 나서는 반응 속도와 동일하도록 단계 사이의 냉각이 이루어져야 하는 것이다. 두 번째 기준은 특정한 단계의 $f_{A,out}$을 결정하기 위해서 해당 단계의 단열 운전에 적용된다. 첫 번째 기준은 충족시키기가 상대적으로 쉬운 것으로써 그림 4.10에 그래프를 사용하여 설명되고 있다. 두 번째 기준은 첫 번째 기준에 비해서 충족시키기 훨씬 더 어려운데, 두 기준들을 충족시키는 프로그램이 Lombardo(1985)에 의해서 제시되었다. 이 프로그램은 원료 흐름의 온도($T_o \equiv T_{1,in}$)를 1차원적 탐색법one-dimensional search에 의해서 선택하는 것을 필요로 한다.

(2) 정해진 f_{out}에 대한 W_{min}

(1)의 경우보다 더 일반적인 경우가 N은 정해지지 않았지만 f_{out}이 정해진 경우이다. 이 경우에는 (1)의 경우에서 사용된 절차와 기준이 적절한 값의 N을 구하기 위한 외곽-고리 탐색법outer-loop search의 내곽 고리inner-loop를 구성하는 2차원적 탐색법two-dimensional search을 사용하여야 한다. N이 작은 정수이므로 이 방법을 사용하면 작은 횟수의 외곽-고리 탐색의 반복에 의해서 W_{min}의 결정이 가능하다.

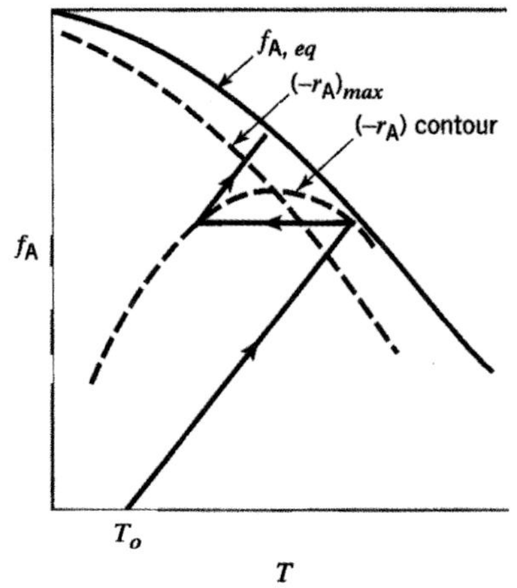

그림 4.10_ 관계식 (4-35)로 나타낸 기준의 설명과 W_{min}의 결정에 미치는 영향

5.3.3 단계 사이에 cold-shot 냉각이 있는 다단계-배열 반응기의 운전

단계 사이의 온도를 조절하는 또 다른 방법은 "cold-shot" (또는 "quench") 냉각에 의한 것이다. Cold-shot 냉각 방식을 사용하여 가역 발열 반응이 일어나는 다단계-배열 고정층 촉매 반응기를 단열 운전하는 과정에서는 (마지막 단계를 제외한) 각 단계를 떠나는 유체 흐름을 차가운 원료 흐름과 혼합함으로써 온도 T를 감소시킨다. 이러한 냉각 방식을 적용시키기 위해서는 원료 흐름을 몇 개의 적절한 부분들로 나누어야 하며, 각 단계 사이에서의 열 교환장치는 사용되지 않지만 (첫 번째 단계를 들어서는) 원료 흐름의 예열장치preheater와 (마지막 단계를 나서는) 제품 흐름의 후냉각장치aftercooler가 필요하다.

그림 4.11에는 [A ⇄ 생성물질들] 의 반응이 일어나는 3-단계 고정층 촉매 반응기 계에서의 유체 흐름에 대한 다이아그램을 나타내었다.

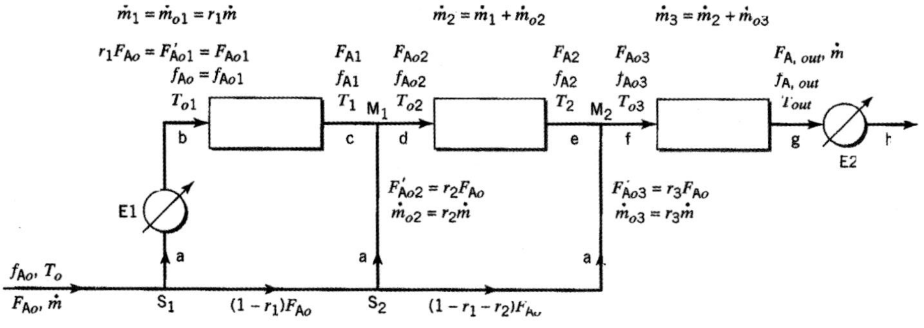

그림 4.11_ Cold-shot 냉각 방식을 사용한 3-단계 고정층 촉매 반응기의 흐름 다이아그램과 기호 (Missen 등, 1999)

원료 흐름은 온도 T_O에서 질량 유속 $\dot{m}$kg/s으로 유입되는데, 반응물질 A로 나타내면 전화율 $f_{AO} = 0$에서 물질량 유속 F_{AO}로 유입된다. 원료 흐름은 S_1점에서 쪼개져서 r_1 만큼의 분율은 예열장치 E1을 통하여 흐르면서 온도가 T_O에서부터 T_{O1}으로 증가된 후 단계 1로 들어간다. 후속적인 분리subsequent split는 S_2점에서 일어나는데, 그로 인하여 원료 흐름의 분율 r_2가 단계 1의 배출 흐름과 M_1점에서 혼합되며 그 결과로 생성된 흐름이 단계 2로 들어간다. 원료 흐름의 나머지 부분은 단계 2의 배출 흐름과 M_2점에서 혼합되며 그 결과로 생성된 흐름이 단계 3으로 들어간다.

단계 i로 들어가는 원료 흐름의 분율은 다음과 같이 정의되는데,

$$r_i = \dot{m}_{Oi}/\dot{m} = F'_{AOi}/F_{AO} \tag{4-37}$$

여기서 $\dot{m}_{Oi}$와 F'_{AOi}는 단계 i로 들어가는 원료 흐름의 부분portion을 각각 질량 유속과 물질량 유속으로 나타낸 것이다. 따라서,

$$\sum \dot{m}_{Oi} = \dot{m} \tag{4-38}$$

$$\sum F'_{AOi} = F_{AO} \tag{4-38a}$$

$$\sum r_i = 1 \tag{4-39}$$

설계 방정식 (4-29)로부터 반응기의 크기를 결정하려면 각 단계에 대하여 입구의 흐름 조성과 유속을 알아야 한다. 각 단계 입구에서의 흐름 조성은 그림 4.11에서 f_{AOi}로 나타내었는데, f_{AOi}는 해당되는 혼합점 M_{i-1} 주위의 반응물질 A에 대한

물질 수지를 사용하여 (직전 단계를 나서는 흐름의) 전환율 $f_{A,i-1}$과 원료 흐름의 분율 r_k(k = 1, 2, · · · , i)에 의해서 연관되어질 수 있다. 따라서, i = 2의 경우, M_1 주위에서의 A에 대한 물질 수지에 의해서,

$$F_{Ao2} = F_{A1} + F'_{Ao2} = F_{A1} + r_2F_{Ao} \quad (4\text{-}40)$$

한편,

$$f_{Ao2} = (F'_{Ao1} + F'_{Ao2} - F_{Ao2})/(F'_{Ao1} + F'_{Ao2}) = [(r_1 + r_2)F_{Ao} - F_{Ao2}]/[(r_1 + r_2)F_{Ao}] \quad (4\text{-}41)$$

$$f_{A1} = (F'_{Ao1} - F_{A1})/F'_{Ao1} = (r_1F_{Ao} - F_{A1})/r_1F_{Ao} \quad (4\text{-}42)$$

관계식 (4-41)과 (4-42)를 관계식 (4-40)에 대입하여 F_{Ao2}와 F_{A1}을 각각 소거하면,

$$(r_1 + r_2)F_{Ao}(1 - f_{Ao2}) = r_1F_{Ao}(1 - f_{A1}) + r_2F_{Ao}$$

이 등식으로부터

$$f_{Ao2} = [r_1/(r_1 + r_2)]f_{A1} \quad (4\text{-}43)$$

유사한 방법을 사용하여, i = 3의 경우, M_2 주위에서의 A에 대한 물질 수지로부터 출발하여 다음과 같은 관계식을 얻을 수 있다:

$$f_{Ao3} = [(r_1 + r_2)/(r_1 + r_2 + r_3)]f_{A2} = (r_1 + r_2)f_{A2} \quad (4\text{-}43a)$$

왜냐하면 3-단계 반응기 계에서는 $r_1 + r_2 + r_3 = 1$이 되기 때문이다.

일반적으로, N-단계 반응기 계에서 첫 번째 단계 이후의 i번째 단계에 대하여,

$$f_{Aoi} = [\Sigma r_k(k = 1, \cdots, i - 1)/\Sigma r_k(k = 1, \cdots, i)]f_{A,i-1} \text{ 단, } i = 2, \cdots, N \quad (4\text{-}44)$$

첫 번째 단계에서는 $f_{Ao1} = f_{Ao}$이며 그 이후의 단계들에서는 $f_{Aoi} < f_{A,i-1}$임을 주목할 필요가 있다. 즉, 원료 흐름을 (i - 1)번째 단계의 배출 흐름과 혼합하면 온도 T 뿐만 아니라 전환율 f_A의 감소가 발생한다. 이것이 바로 cold-shot 냉각 방식과 단계 사이의 냉각 방식 간의 주요한 차이점인데, 후자의 경우에는 전환율 f_A가 단계 사이에서 변하지 않는다.

단계 i의 입구에서의 온도 T_{oi}도 혼합점 M_{i-1} 주위의 에너지 수지를 사용하여 직전 단계의 출구에서의 온도 T_{i-1}에 위와 유사한 방법으로 연관되어질 수 있다. 유체 흐름들의 혼합과 연관된 상대적으로 작은 온도 변화와 흐름 조성의 변화에

대해서 열 용량 c_p를 일정하다고 가정하면, 혼합점 M_1 주위의 에너지 수지에 의해서 다음과 같은 등식equation을 얻을 수 있다:

$$\dot{m}_1 c_p(T_1 - T_{ref}) + \dot{m}_{o2} c_p(T_o - T_{ref}) = (\dot{m}_1 + \dot{m}_{o2}) c_p(T_{o2} - T_{ref})$$

기준 온도 T_{ref}를 T_o로 잡고 $\dot{m}_1 = \dot{m}_{o1}$과 관계식 (4-37)에 의해서 $\dot{m}_{o2} = r_2 \dot{m}_1$으로 치환하면, c_p를 소거한 후 다음과 같은 등식을 얻게 된다:

$$r_1 \dot{m}(T_1 - T_o) = (r_1 + r_2)\dot{m}(T_{o2} - T_o)$$

이 등식으로부터

$$T_{o2} = T_o + [r_1/(r_1 + r_2)](T_1 - T_o) \qquad (4\text{-}45)$$

일반적으로, N-단계 반응기 계에서 첫 번째 단계 이후의 i번째 단계에 대하여

$$T_{oi} = T_o + [\Sigma r_k(k = 1, \cdot\cdot\cdot, i - 1)/\Sigma r_k(k = 1, \cdot\cdot\cdot, i)](T_{i\text{-}1} - T_o)$$

$$\text{단}, i = 2, \cdot\cdot\cdot, N \qquad (4\text{-}46)$$

Cold-shot 냉각 방식을 사용하는 고정층 촉매 반응기에 대한 조작선들을 그림 4.12에서 T에 대한 f_A의 플롯plot상에 개념적으로 나타내었는데, 이것들은 그림 4.8(a)에 나타낸 단계 사이의 냉각 방식을 사용하는 다단계 단열 운전의 조작선들과 비교될 수 있다.

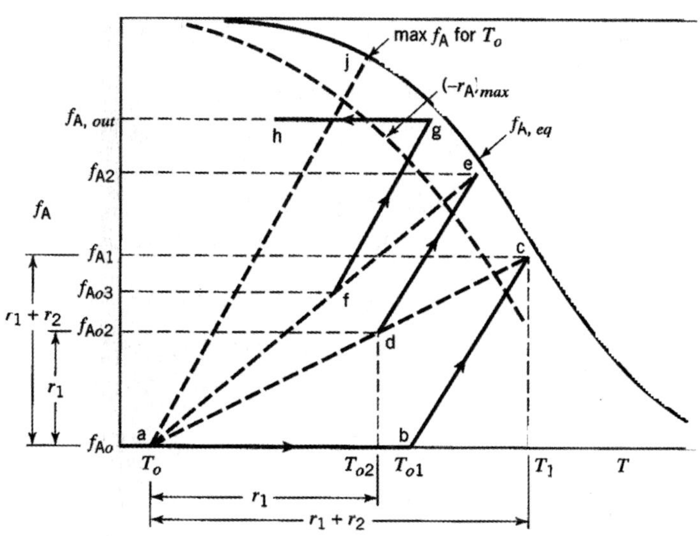

그림 4.12_ 가역 발열 반응이 일어나는 고정층 촉매 반응기에 있어서 cold-shot 냉각방식에 의한 조작선들을 나타내는 조성-온도 다이아그램 (Missen 등, 1999)

그림 4.12에서 a, b, c, 등으로 표시된 기호들은 그림 4.11에서 a, b, c 등으로 표시된 점들에 해당되는 상태들이다. 선 ab는 원료 흐름을 예열장치 E1 내부에서 T_O로부터 T_{O1}까지 가열하는 것을 나타낸다. 선 bc는 첫 번째 단계에 대한 조작선으로써, (관계식 (4-34)에서처럼 선형인 것으로 간주되는) 에너지 방정식 (4-33)으로부터 얻어진다. a와 c를 연결하는 선 상의 점 d는 두 번째 단계로 들어가는 유체 흐름을 나타내는데, 관계식 (4-43)으로 주어지는 전화율 f_{AO2}를 가진다. r_1과 r_2가 주어지면 점 d는 그림 4.12에 나타낸 기하학적 형상과 (f_{AO} = 0와 결부된) 관계식 (4-43)에 의해서 선 ac 상에 위치하게 된다:

$$ac/ad = f_{A1}/f_{AO2} = (r_1 + r_2)/r_1 \qquad (4\text{-}47)$$

점 d의 위치를 정하는 또 다른 방법은 관계식 (4-45)에 근거하여 온도에 의해서 결정하는 것이다. 단계 1에서의 온도 증가는 $T_1 - T_{O1}$이고, M_1 주위의 온도 감소는 $T_{O2} - T_1$이다. 선 de는 두 번째 단계에 대한 조작선이다. 선 ae 상의 점 f는 세 번째 단계로 들어가는 유체 흐름을 나타내는데, 점 d의 위치를 정하는 것과 유사한 방법으로 그 위치를 정한다. 선 fg는 세 번째 단계에 대한 조작선이며, 선 gh는 단계 3의 배출 흐름을 후냉각장치 E2에서 냉각시키는 것을 나타낸다. 여러 가지 조작선들을 실선으로 나타내었는데, 그 이유는 그러한 선 상의 각 점이 반응기 계의 어떤 지점에서 실제로 존재하는 상태에 해당되기 때문이다. ac와 ae 같은 선들은 조작선들이 아니므로 파선으로 나타내었다. 예를 들어, 선 ac 상에서 점 a, d, 그리고 c 만이 실제 상태들을 나타내며, 선 ac 상의 다른 점들은 존재하는 상태들이 아니다. 조작선들의 기울기들은 모두 동일하며 에너지 방정식 (4-33)에 의해서 결정된다. 각각의 단계에서 촉매 량 W는 적절한 반응 속도 법칙을 사용한 설계 방정식 (4-29)와 에너지 방정식 (4-33)으로부터 계산될 수 있다. W의 최소값과 관련된 최적화 문제는 r_i와 f_{Ai} 값들의 선택에 의하여 검토될 수 있다.

고정층 촉매 반응기의 단열 운전에 있어서 단계 사이의 냉각 방식에 비해서 cold-shot 냉각 방식을 선택하는 문제에는 많은 인자들이 영향을 미친다. 이 두 냉각 방식들 사이의 중요한 차이점들 가운데 하나는 원칙적으로 달성될 수 있는 전화율 f_A의 한계값이다. 그림 4.8(a)에서 설명된 것처럼 단계 사이의 냉각 방식을 사용하는 반응기 운전에 있어서는 반응 평형에 의한 제한을 피하기 위해서 f_A를 무한정으로 증가시키는 것이 가능하다; 이것은 단계들의 수(그리고 촉매량)를 증가시킴으로써 실행 가능하지만, 그것과 연동된 이득이 결국에는 줄어들게 된다. (그 이유는 반응 속도가 줄어듦에 따라서 촉매량의 큰 증가에도 불구하고 전화율 f_A가 극히 조금씩 증가하기 때문이다.) 그러나 cold-shot 냉각 방식을 사용하는 반응기 운전에 있어서는 주어진 원료 흐름의 온도 T_O에 대한 전화율 f_A의 상한값이 그림 4.12에서 점 a로부터 그려진 조작선 aj가 반응 평형 곡선과 교차하는 점에서의 전화율 $f_{A,eq}$가 된다; 선 aj는 그림 4.12에서 나타낸 다른 조작선들(선 bc, de, fg)과 동일한 기울기를 가진다. 결론적으로, 고정층 촉매 반응기에서 동일한 전화율을 얻기 위해서, cold-shot 냉각 방식을 사용하는 경우의 T_O(그림 4.12)가 단계 사이의 냉각 방식을 사용하는 경우의 T_O (그림 4.8(a)에서 첫 번째 단계의 입구 온도)에 비해서 훨씬 낮아야 한다. 반응 속도는 낮은 온도에서 상대적으로 작으므로 cold-shot 방식으로 냉각되는 반응기 계의 첫 번째 단계를 들어서는 원료 흐름은 대부분의 경우 예열장치를 통하여 가열처리된다 (그림 4.12에서는 T_O로부터 T_{O1}으로 가열되었다).

5.3.4 Cold-shot 방식으로 냉각되는 고정층 촉매 반응기 계에 대한 계산

Cold-shot 방식으로 냉각되는 N-단계 반응기 계에서 가역 발열 반응이 일어나는 경우에 대한 계산에는 몇 가지 형태의 문제들이 포함된다: 주어진 원료 흐름 속도와 원료 조성, 그리고 전화율 f_A에 대해서 단계의 수 N과 촉매량 및 단계별 분포 (W_i, $i = 1, 2, \cdot\ \cdot\ \cdot, N$)를 결정하는 설계design 문제 또는 (이것과는 역으로) 주어진 N과 W_i에 대해서 전화율을 결정하는 성능performance 문제, 그리고 최적 설계와 성능을 위해서 이 문제들의 다양한 변화 형태가 고려될 수 있다. 여기서 우리는 첫 번째로 언급된 설계 문제에 대한 알고리즘을 서술할 예정인데, 이것은 다른 문제에 대해서도 적절하게 수정될 수 있다.

일반적으로, N-단계 반응기 계에 있어서, r_i와 T_i (또는 f_{Ai})로부터 $2N$ 개의 자유도degrees of freedom 또는 자유 매개변수들이 존재한다. 이 숫자는 각 단계에 대해서 반응 평형으로 ΔT 만큼 일정한 정도의 접근을 달성하는 기준을 사용하면 N +1 개로 줄어들 수 있다; 여기서 ΔT는 다음과 같이 정의된다.

$$\Delta T = T_{i,eq}(f_{Ai,eq}) - T_i \tag{4-48}$$

즉, 단계 i의 출구 온도 T_i는 $f_{A,eq}(T)$가 관계식 (4-34)의 에너지 수지 조작선과 교차하는 점으로부터 평형 온도 $T_{i,eq}$를 계산한 후 ΔT를 차감함으로써 결정된다. ΔT는 그림 4.13에 의해서도 설명되고 있는데, 이 경우에 있어서 자유 매개변수들은 $r_i (i = 1, 2, \cdot\cdot\cdot, N-1)$, ΔT, 그리고 T_{oi}이다. (ΔT를 선택함으로써 $T_i(1, 2, \cdot\cdot\cdot, N)$를 선택하지 않아도 된다.) 원료 흐름의 유속과 조성($\dot{m}$, F_{Ao}) 뿐 만 아니라 반응 속도 법칙 $(-r_A)$와 $f_{A,eq}(T)$, 그리고 일정하다고 간주되는 열 특성 c_p와 $(-\Delta H_{RA})$는 알고 있는 값들이라고 가정한다.

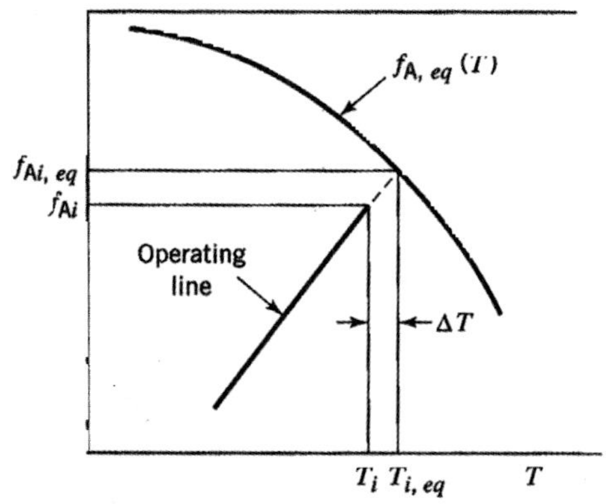

그림 4.13_ cold-shot 방식으로 냉각되는 반응기에서 가역 발열 반응이 일어날 때 i번째 단계에서 관계식 (4-48)로 나타낸 ΔT의 설명

알고리즘에 포함되는 단계들은 다음과 같다:

(1) 에너지 방정식 (4-33)으로부터 조작선의 기울기를 계산한다:

$$df_A/dT = \dot{m}c_p/(-\Delta H_{RA})F_{Ao}$$

(2) ΔT를 선택한다.

(3) 에너지 방정식 (4-33)의 적분된 형태로부터 T_o를 계산한다:

$$f_{A,out} \equiv f_{A,N} = f_{Ao} + [\dot{m}c_p/(-\Delta H_{RA})f_{Ao}](T_{out} - T_o) \tag{4-49}$$

여기서
$$T_{out} \equiv T_N = T_{N,eq}(f_{AN,eq}) - \Delta T \tag{4-50}$$

$$f_{AN,eq} = f_{AN} + (df_A/dT)\Delta T \tag{4-51}$$

그리고 보통 $f_{Ao} = 0$를 사용한다.

(4) r_1과 T_{o1}을 선택한다.

(5) 설계 방정식 (4-29)에 반응 속도 법칙을 대입시키고 에너지 방정식 (4-33)과 동시에 풀어서 W_1을 계산한다. 관계식 (4-29)에서 F_{Ao}가 r_1F_{Ao}로 치환되고 적분의 하단과 상단은 각각 f_{Ao}와 f_{A1}이 된다. 여기서 f_{A1}은 다음과 같이 주어지며,

$$f_{A1} = f_{A1,eq} - (df_A/dT)\Delta T \tag{4-51a}$$

$f_{A1,eq}$은 조작선과 반응 평형 곡선 $f_{A,eq}(T)$의 교차점으로부터 얻어진다. 즉, 다음과 같은 관계식들을 동시에 풀어서 $f_{A1,eq}$를 구한다:

$$f_A = f_{Ao} + (df_A/dT)(T - T_{o1}) \tag{4-52}$$

$$f_A = f_{A,eq}(T) \tag{4-53}$$

(6) $f_A = f_{A1}$과 $T = T_1$을 관계식 (4-52)에 대입시켜 f_{A1}에 대응되는 T_1을 계산한다.

(7) r_2를 선택한다.

(8) 관계식 (4-44)로부터 f_{Ao2}를 계산한다.

(9) 관계식 (4-46)으로부터 T_{o2}를 계산한다.

(10) 단계 (5)에서 W_1을 계산한 것과 같은 방법으로 W_2를 계산한다. 입구 조건들은 $F_{A,in} = (r_1 + r_2)(1 - f_{Ao2})F_{Ao}$, f_{Ao2}, 그리고 T_{o2}이다. 출구 조건들은 f_{A2}와 T_2인데, 이들은 단계 (5)와 (6)에서 f_{A1}과 T_1을 계산한 것과 같은 방법을 사용하되 하첨자 1과 0이 각각 2와 1에 의해 교체되어 계산된다.

(11) $f_{AN} \geq$ (주어진 $f_{A,out}$)이 될 때까지 하첨자를 N 으로 전진시키면서 단계 (7)에서부터 (10)까지를 반복한다. $f_{AN} \cong f_{A,out}$이 되도록 r_i를 적절히 조절하는 것이 필요하다.

예제 4-6

[A $\rightleftarrows$ 생성물질들] 로 표시되는 반응이 cold-shot 방식으로 냉각되는 고정층 반응기에서 일어날 경우, 아래에 주어진 정보들을 사용하여

(a) 최대 가능한 전화율 f_A를 계산하라;

(b) 3-단계 반응기 계의 출구에서의 전화율을 계산하라.

원료 흐름의 40%가 단계 1로 들어가고 30%가 단계 2로 들어가도록 쪼개지며, 단계 1로 들어가는 원료 흐름은 예열장치를 통해 흐르면서 375℃(T_o)로부터 450℃(T_{o1})로 가열된다. 반응 평형의 온도-전화율 관계식은 다음과 같다:

$$T_{eq} = 11835/\ln[\{7.825\times10^4 f_{A,eq}/(1 - f_{A,eq})\}\cdot\{(1 - 0.0475 f_{A,eq})/(0.115 - 0.0475 f_{A,eq})\}^{1/2}] \quad (A)$$

각 단계의 출구 온도 T_i는 평형 온도에 비해서 25℃만큼 낮게 유지시키고자 한다. 즉, 관계식 (4-48)에서 ΔT = 25℃가 되도록 반응기 계를 운전한다. 계산에 필요한 다른 자료들은 다음과 같다:

$$\dot{m} = 10\text{kg/s};\ F_{Ao} = 62\text{mol/s};\ c_p = 1.1\text{J/g}\cdot\text{K};\ \Delta H_{RA} = -85\text{kJ/mol}$$

[풀이]

(a) 최대 가능한 전화율은 ΔT = 25℃ 만큼 반응 평형에 접근하는 정도의 기준을 그림 4.12에서 (f_{Ao}, T_o) 점으로부터 그려진 조작선 aj의 교차점에 적용시켜서 얻을 수 있다. 이 조작선의 기울기는 다음과 같이 계산될 수 있다:

$$\text{기울기} = \dot{m}c_p/(-\Delta H_{RA})F_{Ao} = 10(1.1)/(85)(62) = 2.09\times10^{-3}/\text{K}$$

관계식 (A)와 위와 같은 기울기 값을 가진 조작선 방정식을 동시에 풀면 점 j에서 교차점의 좌표들을 구할 수 있다:

$$f_{A,eq} = 0.579;\ T_{eq} = 925\text{K}$$

따라서 반응기의 출구 지점 h(그림 4.12 참조)에서는 T_{out} = (925 - 25) = 900K 이고,

$$f_{A,out} = (\text{기울기})(T_{out} - T_o) = 2.09\times10^{-3}(900 - 648) = 0.527$$

즉, 위와 같은 운전 조건에서 최대 가능한 전화율은 단계들의 수에 관계없이 0.527이다.

(b) f_{A1}, f_{A2}, 그리고 f_{A3}를 구하기 위해서 3-단계 반응기 계의 각 단계를 차례대로 다루게 되는데, 첫 번째 단계에 대한 계산 절차를 자세히 서술한 후 후속 단계들에 대한 결과들을 표 4.1에 수록하였다.

단계 1에 대해서, 그림 4.12에서의 점 b (f_{Ao1}, T_{o1})를 통과하는 조작선 bc의 방정식은 (a)에서 계산된 기울기를 사용하여 다음과 같이 나타낼 수 있다:

$$f_A = f_{Ao1} + 2.09\times10^{-3}(T - T_{o1}) \quad \text{(B)}$$

여기서 $f_{Ao1} = 0$이고 $T_{o1} = 723K$이다.

조작선과 평형 곡선의 교차점에 대하여 관계식 (A)와 (B)를 동시에 풀면, $f_{A1,eq} = 0.485$이고 $T_{1,eq} = 955K$이다. 따라서 $T_1 = 955 - 25 = 930K$이고, $T = T_1 = 930$을 (B)에 대입하면 $f_A = f_{A1} = 0.433$이 된다.

단계 2에 대해서, 관계식 (4-43)으로부터 f_{Ao2}를 계산하면,

$$f_{Ao2} = [r_1/(r_1 + r_2)]f_{A1} = [0.4/(0.4 + 0.3)](0.433) = 0.247$$

그리고 T_{o2}를 관계식 (4-45)로부터 계산하면,

$$T_{o2} = T_o + [r_1/(r_1 + r_2)](T_1 - T_o) = 648 + [0.4/(0.4 + 0.3)](930 - 648) = 809K$$

여기서부터는 단계 1에서처럼 (B)에 상당하는 조작선 de의 방정식을 쓰고, 그것으로부터 계산을 계속한다. 각 단계에 대해서 얻어진 결과들을 표 4.1에 수록하였는데, 최종 전화율 $f_{A3} = 0.489$는 (a)에서 구한 최대 가능 전화율 0.527에 근접하는 값이다. (최대 가능 전화율은 많은 수의 단계들로 구성된 반응기 계에서 얻어지는 값임을 유의할 필요가 있다.)

이러한 전화율을 달성하기 위해 소요되는 촉매 양의 계산은 이 예제에서 요구되고 있지 않지만, 반응 속도 $(-r_A)$에 대한 적절한 속도 법칙이 주어지면 예제 4-5의 알고리즘에서 서술된 절차에 의해서 계산될 수 있다.

〈표 4.1〉 예제 4-6(b)의 계산 결과

단계 i	조작선(그림 4.12)	r_i	T_{oi}, K	$T_{i,eq}$, K	T_i, K	f_{Aoi}	$f_{Ai,eq}$	f_{Ai}
1	bc	0.40	723	955	930	0	0.485	0.433
2	de	0.30	809	942	917	0.247	0.525	0.473
3	fg	0.30	837	937	912	0.331	0.541	0.489

5.4 반응기의 비단열 운전

5.4.1 다관multitubular 반응기; 촉매가 관 내부에 위치하는 경우

다관 반응기의 배열은 촉매가 반응기 내부에 있는 여러 개의 관 내부 또는 외

부에 충진된 것으로써, 이 절에서 우리는 전자의 경우를 고려하기로 한다. 반응기 내부의 모든 관들이 마치 한 조one set의 평행 반응기들과 같은 방식으로 거동한다고 가정하면 단일 관single tube에 연속 방정식과 에너지 방정식을 적용시킬 수 있다. 반응기의 직경 D를 결정하기 위해서는 관의 수 N_t를 반응기 설계의 한 부분으로써 결정하여야 한다.

단일 관에 대해서 연속 방정식 (4-29)를 다음과 같이 적용시킬 수 있는데,

$$W' = F'_{Ao}\int df_A/[-r_A(T, f_A)] \tag{4-54}$$

여기서 $W' = W/N_t$는 단일 관에 대한 촉매량을 의미하고 $F'_{Ao} = F_{Ao}/N_t$는 단일 관에 대한 원료 흐름의 물질량 유속에 해당된다. 연속 방정식 (4-54)를 적절한 반응 속도 법칙과 에너지 방정식에 연계시켜 풀면 전화율 f_A와 온도 T에 대한 관계를 얻을 수 있다. 에너지 수지식 (4-19)을 $k_{ex} = k_{er} = 0$에 의해서 간략화시키고 관 벽을 통한 열 전달 속도를 나타내기 위하여 경계 조건 (4-25)를 다음과 같이 에너지 수지식에 통합시킴으로써 적절한 형태의 에너지 방정식을 얻을 수 있다:

$$\delta Q = U(T_s - T)dA'_p/dV' \tag{4-25a}$$

여기서 A'_p는 단일 관에 있어서 (둘레 방향의) 열 전달 표면적이며, V'는 단일 관에 의해서 둘러싸인 체적이다. (관 벽을 통한 열 전달 속도 δQ는 단위 체적 기준으로써 단일 관의 미소 체적differential volume dV'를 통한 열 전달에 적용된다.)

단일 관의 직경이 d_t이고 $\dot{m}' = \dot{m}/N_t$가 단일 관에 대한 원료 흐름의 질량 유속을 나타내면 $dA'_p = \pi d_t dx$, $dV' = \pi d_t^2 dx/4 = dW'/\rho_B$, $G' = G/N_t = 4\dot{m}'/\pi d_t^2$, 그리고 $(-r_A)dW' = F'_{Ao}df_A$이므로 위와 같이 간략화되고 경계 조건 (4-25a)가 통합된 에너지 수지식 (4-19)를 다음과 같이 정리하여 나타낼 수 있다:

$$\dot{m}c_p dT = [(-\Delta H_{RA}) + 4U(T_s - T)/d_t\rho_B(-r_A)]F'_{Ao}df_A \tag{4-55}$$

단일 관에 대한 연속 방정식 (4-54)와 에너지 방정식 (4-55)를 풀기 위해서는 적절한 수치 해법 절차numerical procedure의 사용이 필요한데, 전형적인 설계 문제들 가운데 하나는 $\dot{m}$, F_{Ao}, $(-r_A)$, d_t, T_o, 허용가능한 $(-\Delta P)$, 등의 매개변수들에 대한 정보가 주어졌을 때 W, N_t, 그리고 관의 길이 L_t를 결정하는 것이다. 열 전달 특징이 반응기 내부의 관 배열에 의해서 좌우된다는 가정에 근거하여 이 문제들은 위의 방정식들을 단일-관 기준으로 관의 수 N_t에 대하여 반복해서 풀어야 한다.

이를 위해서 다음과 같은 절차 또는 알고리즘이 사용될 수 있다:

(1) N_t의 값을 선택한다.

(2) $\dot{m}'$과 F'_{Ao}를 계산한다.

(3) 방정식 (4-54)와 (4-55)로부터 W'를 계산한다.

(4) $L_t = 4W'/\rho_B \pi d_t^2$을 계산한다.

(5) 관계식 (4-6)으로부터 $(-\Delta P)$를 계산하고, 허용가능한 압력강하 값과 비교한다.

(6) 단계 (5)의 결과에 근거하여 N_t의 값을 조정하고, $(-\Delta P)$에 대한 기준이 충족될 때까지 단계 (2)에서부터 단계 (5)까지를 반복한다.

N_t의 값과 d_t, 그리고 동체–관shell-and-tube 배열에 있어서 관들에 대한 표준 삼각형 또는 정사각형 pitch에 의해서 반응기(동체)의 직경 D를 결정할 수 있다.

5.4.2 다관 반응기; 촉매가 관 외부에 위치하는 경우

이 절에서는 위의 경우와는 반대로 촉매가 관 외부에 위치하는 경우를 고려하여보자. 이 경우에는 촉매가 위치한 관 외부, 즉, 동체 쪽shell side 공간을 통해서 반응물질을 포함한 원료 유체가 흐르고 관 내부tube side를 통해서 열 전달 또는 공정 유체가 흐른다. 그 결과, 각각의 직경이 d_t인 N_t개의 구멍들을 가진 직경 D의 고정된 촉매 층에서 반응이 일어난다. 반응기 전체의 촉매 양은 촉매 층의 기하학적 형상을 반영하기 위해 에너지 수지식 (4-55)를 수정하고 이것을 연속 방정식 (4-29)와 연계시켜서 계산할 수 있다. 이 경우의 기하학적 형상으로부터 $dA_p = N_t \pi d_t dx$이며 $dV = (\pi/4)(D^2 - N_t d_t^2)dx$이므로, $(-r_A)dW = F_{Ao}df_A$와 함께 경계 조건 (4-25)를 에너지 수지식 (4-19)에 통합시키면 에너지 수지식 (4-55)에 대응되는 관계식을 얻을 수 있다:

$$\dot{m}c_p dT = [(-\Delta H_{RA}) + 4N_t d_t U(T_s - T)/\rho_B(D^2 - N_t d_t^2)(-r_A)]F_{Ao}df_A \quad (4\text{-}56)$$

5.4.1 절에서 서술된 형태의 전형적 설계 문제를 이 경우에서도 비슷한 방식에 의해서 풀 수 있다:

(1) N_t의 값을 선택한다. (이것은 D의 값에 연관된다.)

(2) 연속 방정식 (4-29)와 에너지 수지식 (4-56)의 수치 해numerical solution에 의

해서 W를 계산한다.

(3) L(즉, L_t)의 값을 계산한다.

(4) $(-\Delta P)$를 계산하고 허용가능한 압력강하 값과 비교한다.

(5) 단계 (4)의 결과로부터 N_t의 값을 조정하고, $(-\Delta P)$에 대한 기준이 충족될 때까지 단계 (2)에서부터 단계 (4)까지를 반복한다.

6. 불균일상, 1차원적, 플러그 흐름 모델

5절에서는 고체 촉매와 유체로 이루어진 불균일상 반응 계reaction system를 유사균일상으로 단순화시킨 가정에 근거하여 고정층 촉매 반응기의 설계와 성능을 검토하였다. 이 절에서 우리는 촉매 입자의 내부와 주변의 기체 경막에 존재하는 농도와 온도의 국지적 구배local gradient를 고려하며, 이 경우 반응 계는 불균일상이 된다. 그러나 5절에서 가정했던 반응기 내부에서 유체의 1차원적 플러그 흐름 거동과 [A(g) + · · · → 생성물질들] 형태의 단순한 반응 양론식은 이 절에서 그대로 유지되도록 한다.

연속 방정식과 에너지 방정식에 대한 출발점들은 여전히 각각 방정식 (4-26)과 (4-31)이지만, 반응 속도 $(-r_A)$에 대해서는 촉매 입자 차원에서 존재하는 농도와 온도의 불균일성heterogeneity이 적절하게 해석되어야 한다. 즉, 방정식 (4-26)과 (4-31)에서 반응 속도는 원래의 표면 반응 속도 $(-r_A)_{int}$을 의미하지만, 불균일상 반응기 모델에서는 해당되는 반응 속도가 관찰된 총괄 반응 속도 $(-r_A)_{obs}$이며 이 값에는 농도와 온도의 국지적 구배를 발생시키는 전달 효과들이 통합되어 있다. 2장에서 전개된 것처럼 이 전달 효과들은 입자 유효성 인자 η 또는 총괄 유효성 인자 η_o로 뭉쳐질 수 있다. 따라서 방정식 (4-26)과 (4-31)은 다음과 같이 고쳐 쓸 수 있으며,

$$d(uC_A)/dx + \rho_B(-r_A)_{obs} = 0 \tag{4-57}$$

$$Gc_p dT/dx - \rho_B(-r_A)_{obs}(-\Delta H_{RA}) = 0 \tag{4-58}$$

여기서 $(-r_A)_{obs}$는 유효성 인자 η를 사용하여,

$$(-r_A)_{obs} = \eta(-r_A)_{int} \tag{4-59}$$

η는 Thiele modulus ϕ''의 함수로서 $\eta(\phi'')$에 대한 자세한 내용은 2 장에서 다루었다.

단순 반응 계에서는 연속 방정식 (4-57)을 전화율 f_A의 축 방향 이력axial profile에 대한 관계식 (4-27)과 촉매량 W에 대한 관계식 (4-29)에 유사한 형태로 각각 나타낼 수 있다:

$$df_A/dx - \pi r^2 \rho_B \eta(-r_A)_{int}/F_{Ao} = 0 \tag{4-60}$$

$$W = F_{Ao}\int [1/\eta(-r_A)_{int}]df_A \tag{4-61}$$

복합 반응 계에서는 각각의 반응물질 성분에 대해서 연속 방정식 (4-57)이 적용되어야 하며 관계식 (4-60)과 (4-61)은 그들 혼자만으로는 충분하지 않다; 따라서 관계식 (4-60) 대신 적절한 수의 농도(C_i) 또는 물질량 유속(F_i)에 대한 축 방향의 이력들을 전개하는 것이 더 적절하다. 그러나 이 절에서 우리는 단순 반응 계에 대해서만 검토하기로 한다.

유효성 인자 η를 활용하는 가장 간단한 경우는 축 방향의 온도 구배가 없는 등온 반응기이다. 이 경우, η의 일정한 평균 값에 의해서 상황을 잘 서술할 수 있으며 방정식 (4-61)은 다음과 같이 단순화될 수 있다:

$$W = (F_{Ao}/\eta)\int [1/(-r_A)_{int}]df_A \quad (\eta\text{가 일정함}) \tag{4-62}$$

이러한 접근 방법은 등온 반응기와 1차 반응 속도 법칙에 대해서 해석적으로 타당한데, 그 이유는 반응물질 농도가 Thiele modulus의 표현에 나타나지 않기 때문이다. 비선형 반응 속도 법칙의 경우, 반응이 등온 상태에서 일어나더라도 축 방향의 농도 변화가 Thiele modulus에 영향을 미치며 결과적으로 국지적 유효성 인자의 변화를 초래한다.

보다 더 현실적인 경우는 유효성 인자가 반응기의 축 방향으로 변화하는 비선형 반응 속도 또는 비등온 반응 상황에 해당된다. 고정된 촉매 입자 층 내부에서 입자 쪽으로 또는 입자로부터의 열 전달 속도는 흔히 입자 주변의 기체 경막 저항에 의해서 결정된다; 그 이유는 대부분의 고체 촉매들의 높은 열 전도도 때문이다. 그 반대로, 입자 외부의 기체 경막 저항이 상대적으로 작으므로 물질 전달은 입자 내부의 세공 확산에 의해서 제한된다. 따라서 농도 구배는 주로 입자 내부 영역에 국한되며, 온도 구배는 (만약 존재한다면) 주로 입자 주변의 기체 경막에 국한된다 (Minhas 와 Carberry, 1969). 또한, 주어진 개별 입자에 대해서는 반응이 본질적으로 등온 상태에서 일어나지만, 고정층 촉매 반응기 내부에서 입자들의 각 층은 서로 다른 온도를 가진다.

관계식 (4-61)로부터 W를 계산하기 위해서는, ϕ''와 η가 온도 T와 반응물질 농도 C_A에 의해서 영향을 받으므로, 반응기 축 방향의 일련의 지점들 또는 단계들에서 ϕ''와 η를 계산하여야 한다; $(-r_A)_{obs}$는 각 지점 또는 단계에서의 η와 $(-r_A)_{int}$으로부터 계산된다. 반응기의 단열 운전에 대하여 이와 같은 용도로 사용되는 알고리즘(예제 4-5에서의 알고리즘과 유사함)은 다음과 같다:

(1) f_A의 값을 선택한다.

(2) 관계식 (4-58)의 적분된 형태, 예를 들어, 관계식 (4-34)와 같은 형태의 관계식으로부터 T를 계산한다.

(3) 주어진 반응 속도 법칙으로부터 f_A와 T에서의 $(-r_A)_{int}$를 계산한다.

(4) 적절한 관계식, 예를 들어, 관계식 (2-20b)으로부터 ϕ''를 계산한다; 필요한 경우, ρ_p를 사용하여 반응 속도 상수 k_A를 질량 기준에서 체적 기준으로 바꾼다.

(5) ϕ''로부터 η를 계산한다(제 2 장 참조).

(6) 관계식 (4-59)로부터 $(-r_A)_{obs}$를 계산한다.

(7) $f_{A,in}$과 $f_{A,out}$사이의 f_A 값들에 대해서 단계 (1)에서 (6)까지를 반복한다.

(8) 컴퓨터 소프트웨어 또는 사다리꼴 법칙과 같은 근사법을 사용하여 연속 방정식 (4-61)의 적분값을 계산한다.

(9) 연속 방정식 (4-61)로부터 촉매량 W를 계산한다.

유효성 인자를 사용하는 것의 대안으로서, 다른 반응기들을 사용한 실험실 규모 또는 pilot plant 규모의 운전을 통해서 $(-r_A)_{obs}$를 실험적으로 결정할 수도 있다. 이 경우에는 정상적인 크기의full-scale 반응기에서와 동일한 촉매(크기, 형상, 등)와 운전 조건의 범위가 사용된다. 실험적인 반응 속도 법칙의 한 예로서 SO_2 산화반응에 대한 반응 속도식 (4-15)를 들 수 있다. 상대적으로 큰 원통형 촉매 입자들에 대한 실험 자료에 의하면, 낮은 온도 범위에는 강한 세공-확산-저항 영역이 존재하고 높은 온도 범위에는 반응 속도-율속 영역이 존재하는데 이러한 반응 속도 법칙이 연속 방정식에 직접적으로 통합될 수 있다. 실험적인 반응 속도 법칙을 사용하는 것의 단점은 그 법칙이 다른 크기의 촉매 입자들 또는 다른 밀도의 촉매 활성점의 경우들에까지 일반화될 수는 없다는 것이다. 뿐 만 아니라, 실험적인 반응 속도 법칙은 그 법칙을 얻는데 사용된 조건들의 범위 바깥으로 외삽될 수 없다.

7. 1차원 모델과 2차원 모델의 비교

극도로 심한 발열 반응의 경우, 고정층 촉매 반응기에서 반경 방향의 구배radial gradient가 온도와 농도 측면에서 모두 발생할 수 있는데, 이 현상은 반응 속도와 온도 사이의 긍정적인 상호작용positive interaction으로 인한 결과이다: 반응기의 벽에서 열 전달이 있을 경우 촉매 층 중심($r = 0$)에서 온도가 더 빠르게 상승한다. 농도 구배는 반경 방향의 분산radial dispersion에 의해서 추가적인 영향을 받는다. 축 방향 뿐 만 아니라 반경 방향의 구배를 정량적으로 모델화하려면 2차원 모델이 필요하다. 반응물질 흐름을 희석시키거나 반응 엔탈피의 크기가 작아서 반응의 열 효과가 작은 경우에는 반경 방향의 구배가 심각할 정도로 발생하지 않으므로, 공정 모사와 반응기 모델링을 위하여 1차원 모델을 사용하면 보통 충분하다. 2차원적 검토를 필요로 하는 계system는 모델의 매개변수에 대해서 민감하게 거동하므로 전달 계수들(k_e와 D_e)의 값이 잘 알려져 있어야 한다. 결론적으로, 예비적인 공정 설계를 위하여 1차원 모델이 보통 사용되고, 후속적으로는 2차원 모델이 개발된다. 반경 방향의 온도 구배가 존재하는 계에 사용되는 보다 더 높은 수준의 1차원 모델에서는 (보통 포물선 형태의) 반경 방향 온도 이력에 대해서 적절한 평균값을 택한다. 이러한 모델에 의해서 1차원 모델에 포함시켜 반응 속도를 계산하는데 있어서 가장 좋은 온도가 얻어진다.

| 익힘문제 |

1. (a) 고정층 촉매 반응기의 공극율이 0.38이고, 촉매 층의 깊이가 1.5m이며, 기체의 겉보기 선 속도가 0.2m/s라면, 고정층을 통해 흐르는 기체의 평균 체류 시간을 계산하라.

   (b) 고정층의 공극율이 0.4이고, 입자 밀도가 1750kg/m^3(입자) 라면, 촉매 층의 본체 밀도bulk density를 계산하라.

   (c) 촉매 입자들이 2500kg/m^{3}의 원래 밀도intrinsic density를 가진 고체로 이루어지고, 촉매 층의 공극율이 0.4이며, 입자의 공극율이 0.3이라면, 100m^{3}의 촉매 층에 포함된 촉매의 질량을 계산하라.

2. Cold-shot 냉각 방식으로 운전되는 3-단계 고정층 촉매 반응기 계에서 발열 반응이 일어날 때(그림 4.11), 원료 흐름을 여러 단계로 쪼개어서 온도를 조절한다. [A → 생성물질들] 로 표시되는 반응에 있어서 순수한 A로 이루어진 원료의 45%가 첫 번째 단계로 들어가고 30%가 두 번째 단계로 들어간다. (즉, 원료의 30%가 첫 번째 단계의 배출 흐름에 합류하여 두 번째 단계에 대한 원료를 형성한다.) 단계 사이에서는 반응이 일어나지 않으며, 전화율 f_A는 원래의 원료 기준이다.

   (a) 첫 번째 단계를 떠나는 흐름의 전화된 A의 분율(f_{A1})이 0.40이면, 두 번째 단계를 들어서는 흐름의 전화된 A의 분율(f_{Ao2})를 계산하라.

   (b) f_{A2} = 0.60이면 f_{Ao3}를 계산하라.

3. 4.1 절에서 서술된 반응 (D)에 해당되는 에틸벤젠(A)의 탈수소반응에 의한 스타이렌(S)의 생성반응이 2-단계 고정층 촉매 반응기 계에서 일어나고 있다; 유체가 반응기의 축 방향으로 흐르고 단계 사이에서 온도 조절이 이루어진다. 단계 사이에서 온도가 조절되는 동안과 두 번째 단계의 출구 너머로는 반응이 일어나지 않는다. 단열 운전되는 반응기 계에 대해서 아래와 같은 자료가 주어졌을 때, 두 번째 단계 출구에서 A의 전화율(f_{A2})이 0.70이면 첫 번째 단계 출구에서 A의 전화율((f_{A1})의 상한과 하한(즉, 허용가능한 값들의 범위)을 계산하라.

   원료: T_o = 925K, P_o = 1.4bar, F_{Ao} = 100mol/s, $F_{H_2O,o}$ = 1200mol/s;

평형: $K_p = 8.2 \times 10^5 \exp(-15{,}200/T)$ MPa;

열화학: $\Delta H_{RA} = 126{,}000$J/mol, $c_p = 2.4$J/g · K

허용가능한 최대 온도는 925K이며, 전환율의 상한과 하한 사이의 특정한 상황을 그림 4.8(b)에 나타내었다. 조작선 AB와 CD의 기울기slope는 일정하며 서로 동일하다. 점 B, C, 그리고 D는 고정된 점들이 아니다.

4. (a) 에틸벤젠(A)의 가역 탈수소반응에 대해서 평형 전환율 f_A와 온도 T의 플롯plot 상에 평형 곡선의 상대적인 위치를 나타내기 위하여 아래의 각 경우를 스케치하라.

   (i) 전압 P_1과 원료 속에서 A에 대한 불활성 기체 성분의 비(r_1)가 일정할 경우; T에 대한 $f_{A,eq}$의 이동 방향을 설명하라.

   (ii) r_1이 (i)의 경우와 동일하고 일정한 전압 P_2가 (i)의 경우에 비해서 높을 경우($P_2 > P_1$); (i)의 경우와 비교하여 평형 곡선의 위치를 설명하라.

   (iii) 전압 P_1이 (i)의 경우와 동일하고 불활성 기체 성분의 비 r_2가 (i)의 경우에 비해서 높을 경우($r_2 > r_1$); (i)의 경우와 비교하여 평형 곡선의 위치를 설명하라.

   (b) 원료 속에 불활성 기체(수증기)를 사용하는 두 가지 이유를 설명하라. (반응은 단열적으로 일어난다.)

5. SO_2(A)의 가역 산화반응에 대해서 평형 전환율 f_A와 온도 T의 플롯 상에 평형 곡선의 상대적인 위치를 나타내기 위하여 아래의 각 경우를 스케치하라. 단, A를 한계 반응물로 가정한다.

   (a) 전압 P_1이 일정하고 공기를 산화제로서 사용할 경우 (N_2는 불활성 기체 성분임); T에 대한 $f_{A,eq}$의 이동 방향을 설명하라.

   (b) 전압 P_1이 일정하고 순수한 O_2를 산화제로서 사용할 경우; (a)의 경우와 비교하여 평형 곡선의 위치를 설명하라.

   (c) 일정한 전압 P_2가 (a)의 경우에 비해서 낮고($P_2 < P_1$) 공기를 산화제로서 사용할 경우; (a)의 경우와 비교하여 평형 곡선의 위치를 설명하라.

6. 유체가 축 방향으로 흐르는 고정층 촉매 반응기 계에서 에틸벤젠(A)의 탈수소반응에 의해서 스타이렌(S)이 생산되고 있다. 아래에 주어진 자료를 사용하여 반응기 계의 첫 번째 단계에서의 온도를 계산하라. 정상-상태, 단열 운전을 가

정하고 유사균일상, 1차원 플러그 흐름 모델을 사용하라.

(a) 첫 번째 단계의 출구, 즉, L_1에서의 온도;

(b) $L = 0.38L_1$에서의 온도.

자료:

원료: $T_O = 925\text{K}$, $P_O = 2.4\text{bar}$, $F_{AO} = 85\text{mol/s}$, $F_{H_2O(inert)} = 1020\text{mol/s}$;

반응기 계의 첫 번째 단계 출구에서의 전화율: $f_{A1} = 0.45$;

반응 속도 법칙: $(-r_A) = k_A(p_A - p_S p_{H_2}/K_p)$;

$k_A = 3.46 \times 10^3 \exp(-10{,}980/T)$ mol/(kg cat) · s · (bar);

$K_p = 8.2 \times 10^6 \exp(-15{,}200/T)$ bar; k_A와 K_p의 온도 T는 K단위로 나타낸다;

$\Delta H_{RA} = 126{,}000\text{J/mol}$; $c_p = 2.4\text{J/g} \cdot \text{K}$; $W_1 = 25{,}400\text{kg}$ 촉매

7. 유체가 축 방향으로 흐르는 2-단계 고정층 촉매 반응기 계에서 에틸벤젠(A)의 탈수소반응에 의해서 스타이렌(S)이 생산되고 있다. 아래에 주어진 자료를 사용하여 단열 운전되는 반응기 계의 첫 번째 단계에서 소요되는 촉매량 W_1과 첫 번째 단계 출구에서의 온도를 계산하라.

   원료: $T_O = 925\text{K}$, $P_O = 2.4\text{bar}$, $F_{AO} = 100\text{mol/s}$, $F_{H_2O(inert)} = 1200\text{mol/s}$;

   첫 번째 단계 출구에서의 전화율: $f_{A1} = 0.4$; 문제 6에서와 같은 모델과 자료를 사용하라.

8. [A $\rightleftarrows$ 생성물질들] 로 표시되는 기체상 가역 발열 반응이 3-단계 고정층 촉매 반응기 계에서 일어날 때, (1) 각 단계가 단열 운전되고 열 교환장치들을 사용하여 단계 사이의 냉각이 이루어지는 경우와 (2) 각 단계가 단열 운전되고 단계 사이에서 cold-shot 방식에 의한 냉각이 이루어지는 경우에 있어서

   (a) 90%의 최종 전화율에 대하여 위의 운전 방식들의 각각에 있어서 조작선들을 나타내는 전화율(f_A)-온도(T) 다이아그램을 스케치하라; 각 경우에 있어서 평형 전화율의 스케치를 포함시켜라.

   (b) 다음의 각 설계 요소가 단열 조작선의 기울기에 영향을 미치는지 여부를 결정하라; 영향이 있다면 그 방향을 설명하라.

   (i) 반응 엔탈피; (ii) 원료의 온도;

   (iii) 원료가 순수한 A 또는 상대적으로 희박한 A인지 여부

(c) (b)의 설계 요소들 가운데 어느 것이 위에서 서술된 운전 방식 (1) 또는 (2)의 선택에 가장 많은 영향을 미치는가? 그 이유를 설명하라.

9. 1000 ton/day 용량의 H_2SO_4 공장 (100% H_2SO_4 기준)에 설치된 SO_2 전화장치에 있어서 다음을 계산하라:

(a) 원료 흐름의 온도 T_o = 430℃; 4-단계 단열 반응기 계의 첫 번째 단계 출구에서의 SO_2 전화율 f_{SO_2} = 0.687; 원료의 조성이 9.5mol% SO_2, 11.5mol% O_2, 그리고 79mol% N_2일 경우, 소요되는 V_2O_5 촉매의 양을 계산하라.

(b) 첫 번째 단계의 촉매 층 깊이(L)와 직경(D)를 계산하라.

자료:

SO_2 전화반응의 반응 속도는 속도식 (4-15)을 따르며, 반응 속도 상수 k_{SO_2}에 대한 자료는 제 2 장의 익힘문제 7번에서의 촉매 B에 대한 자료와 같다.

$K_p = 7.97 \times 10^{-3}\exp(12{,}100/T)$ MPa, 단, 온도 T는 K단위로 나타낸다;

촉매 층: ρ_B = 500 kg/m^3, ε_B = 0.40;

유체 흐름: $\mu_f = 4 \times 10^{-5}$kg/m · s, c_p = 0.94J/g · K;

네 번째 단계 출구에서 f_{SO_2} = 0.98; P_o = 101kPa; ΔH_R = -100kJ/(mol SO_2);

첫 번째 단계에서 허용가능한 $(-\Delta P)$ = 2.5kPa

10. 각 단계가 단열 운전되고 단계 사이의 냉각 방식을 사용하는 4-단계 고정층 촉매 반응기 계에서 SO_2 전화반응이 아래의 표에 수록된 운전 조건에서 일어나고 있다. 반응이 일어나는 동안 전압 P는 1bar로 일정하게 유지되고, 원료 흐름의 조성은 9.5mol% SO_2, 11.5mol% O_2, 그리고 79mol% N_2이다.

단계	T_{in}, ℃	T_{out}, ℃	$f_{SO_2,out}$	$(-r_{SO_2,out})$, mol/g · s
1	430	614	0.687	5×10^{-7}
2	456	515	0.907	1×10^{-7}
3	436	452	0.970	3×10^{-8}
4	430	433	0.980	$\sim10^{-8}$

(a) 폐열 보일러 유입 흐름으로부터 더 많은 에너지를 뽑아쓰기 위해서 반응기 계의 원료 온도를 430℃에서부터 410℃로 낮출 경우, 첫 번째 단계에서의 전화율에 미치는 영향은 무엇인가? 계산에 의하지 말고 스케치에 의해서 원

료 온도를 낮출 필요가 있는지 여부를 설명하라.

(b) 보다 더 높은 반응 속도를 이용하기 위해서 원료 온도를 430℃에서부터 450℃로 높일 경우, 어떤 주요한 결과가 발생하는가? 계산에 의하지 말고 스케치에 의해서 원료 온도를 높일 필요가 있는지 여부를 설명하라.

(c) 제 2 장의 익힘문제 7번의 결과에 근거하여, 촉매 입자의 유효성 인자 η가 1에 근접하는 전화장치 단계와 1보다 작은 단계를 각각 구분하라. 그 이유를 설명하라.

(d) 위의 문제 9(a)에서 사용된 것과 같은 방법을 사용하여 동일한 촉매 입자들과 생산 속도, 그리고 원료 조건에서 두 번째 단계에 소요되는 촉매량을 계산한 결과 W_2 = 44,000kg이라면, 촉매 입자들의 직경이 8mm에서부터 5mm로 바뀌게 될 경우의 촉매량 W_2를 계산하라.

11. 아래의 각 경우에 있어서 고정층 촉매 반응기의 출구 전화율 f_{out}이 정해졌을 때(5.3.2 절에서 서술된 것과 유사함) 최소 촉매량 W_{min}을 결정하는 절차를 알고리즘과 스케치를 사용하여 설명하라.

(a) 최대 온도 T_{max}의 제한을 받는 가역 흡열 반응;

(b) 최대 온도 T_{max}의 제한을 받는 비가역 발열 반응.

12. 위의 문제 9에서 제시된 형태의 SO_2 산화반응에 대한 K_p를 사용하여 3-단계 고정층 촉매 반응기 계에서 세 번째 단계의 출구 전화율을 계산하라. 단, 각 단계에서 출구 온도는 $f_{eq}(T)$ 곡선으로부터 20K 만큼 떨어져 있으며, 첫 번째 단계의 입구 온도는 700K이다. 단계 1과 2 사이에서 온도가 120K 만큼 감소되고, 단계 2와 3 사이에서 85K 만큼 감소된다. 원료 흐름의 조성은 19.7 mol% SO_2(A), 23.8mol% O_2, 56.5mol% N_2, 그리고 미량의 SO_3이다. 반응기 계의 운전과 원료 흐름에 대한 자료는 다음과 같다.

자료: F_{Ao} = 220mol/s, $\dot{m}$ = 40.3kg/s, ΔH_{RA} = -100kJ/mol, c_p = 0.94J/g · K, P_o = 101kPa

13. 위의 문제 12에서 서술된 3-단계 고정층 촉매 반응기 계의 첫 번째 단계에서 소요되는 촉매량을 계산하라. 반응 속도 법칙과 속도 상수는 위의 문제 9에서 서술된 것들과 같으며, 촉매 입자의 유효성 인자는 0.90으로 가정한다.

14. [A $\rightleftarrows$ 생성물질들] 로 표시되는 발열 반응이 cold-shot 냉각 방식으로 운전되는 다단계 고정층 촉매 반응기에서 일어날 때, 유체 흐름의 열 용량 c_p와 반응 열 $(-\Delta H_{RA})$가 일정하다면 그림 4.12에서 모든 조작선들의 기울기가 관계식 (4-33)에 의해서 결정된다는 것을 보여라 (즉, 기울기가 모두 동일하다는 것을 증명하라).

15. [A → B; 반응 속도 상수 k_1]으로 표시되는 발열 1차 반응이 단열 정압 조건에서 운전되는 고정층 촉매 반응기에서 일어난다. 촉매 층의 반경은 1.25m이고 촉매 층의 깊이는 4m이다. 원료는 2.0mol/m^3 농도의 순수한 A 로서 유속 q = 39.3m^3/s로 흐른다. 반응 속도는 촉매 입자 내부의 반응물질 확산에 의해 제한되는데, 유효성 인자 η와 Thiele modulus ϕ''사이의 관계식은 $\eta = (\tanh \phi'')/\phi''$이다. 입자 내부의 유효 확산계수는 $T^{1/2}$에 비례하고, 입자의 상당 길이 equivalent length L_e는 0.50mm이다. 반응기 출구에서 A의 전화율과 온도를 계산하라. 또한 다음과 같은 경우에 있어서 위의 값들이 어떻게 변하는지 밝혀라: (a) 확산으로 인한 제한diffusional limitation을 무시할 수 있을 경우; (b) 촉매 입자의 유효성 인자가 반응기 입구 조건에 근거하여 일정하다고 가정할 수 있을 경우.

자료:

T_o = 495℃; D_A = 0.10cm^2/s (495℃ 에서); $k_1 = 4.0 \times 10^{-3}$m^3/(kg cat) · s (495℃ 에서);

E_A = 125.6kJ/mol; ΔH_{RA} = -85kJ/mol; $\dot{m}$ = 26kg/s; ρ_B = 700 kg/m^3;

ρ_p = 2500kg/m^3; c_p = 2.4J/g · K

16. 위의 문제 15에서 생성된 물질 B가 추가적으로 반응하는 것이 밝혀졌다. 즉, [A → B → C]로 표시되는 연속 반응에 있어서 발열 1차 반응으로 밝혀진 [B → C] 단계의 반응 속도 상수가 495℃에서 $k_2 = 4.0 \times 10^{-4}$m^3/(kg cat) · s이다. 아래의 자료를 사용하여 반응기 출구에서 A, B, 그리고 C의 농도와 원하는 생성물질 B에 대한 선택도를 계산하라. 계산 결과를 확산 영향이 무시될 수 있는 경우의 결과와 비교하라.

자료: E_{A2} = 94.2kJ/mol, ΔH_{R2} = -125.6kJ/mol, D_B = 0.10cm^2/s (495 에서)

chapter 5 유체-유체 반응에 사용되는 반응기

chapter 5

유체-유체 반응에 사용되는 반응기

이 장에서 우리는 반응 계reaction system에 포함된 각각의 상이 유체로 이루어진 다상계 반응multiphase reaction에 사용되는 반응기들의 공정 설계에 대하여 검토하고자 한다. 다상계 반응에는 기체-액체 반응과 액체-액체 반응이 포함되는데 여기서는 주로 전자에 대해서 초점을 맞출 예정이며, 이중-경막 모델에 근거하여 기체-액체 반응의 반응 속도를 다룬 3.2절의 결과들을 활용할 예정이다. 우선, 유체로 이루어진 다상계 반응에 포함되는 반응 유형의 예들을 제시하고 이러한 반응들에 사용되는 여러 가지 반응기 유형들을 예비적으로 검토하게 된다. 반응기 유형의 선택에 영향을 미치는 몇 가지 인자들factors을 시험한 다음, 몇 가지 반응기 유형들에 대한 설계 방정식들을 전개하고, 예제를 통해서 이러한 설계 방정식들이 실제로 어떻게 사용되는가를 설명하게 된다. 마지막으로, 삼상three-phase 기체-액체-고체(촉매) 반응에 사용되는 trickle-bed 반응기에 대해서 간략하게 소개할 예정이다.

1. 반응 유형

3.2절에서 이미 언급된 바와 같이 유체-유체 반응은 그 반응이 분리 공정separation process에 포함되는가 또는 반응 공정reaction process에 포함되는가에 따라서 검토의 관점이 달라져야 한다.

1.1 분리 공정의 관점

분리 공정의 관점에서, 유체-유체 반응은 분리를 향상시키기 위해서 사용된다; 후속 공정 단계에 사용될 원료의 준비, 생성물질의 정제, 또는 환경 보호를 위한 배출물 관리가 이러한 반응 유형의 예이다. 반응 예로서는 H_2S와 CO_2의 제거를 위해서 에탄올아민을 사용하는 것, 수산화물hydroxide의 수용액 흐름에 의해서 SO_2를 제거하는 것, 그리고 피blood에 의해서 O_2가 흡수되거나 피로부터 CO_2가 탈착되는 것을 들 수 있다. 또한, Trickle-bed 반응기에서의 수소첨가탈황반응에서처럼 고체 촉매가 세 번째 상으로서 포함될 수 있다.

1.2 반응 공정의 관점

반응 공정의 관점에서, 유체-유체 반응은 원하는 생성물질들을 생산하기 위해서 사용된다. 3.2절에서 이미 언급된 세 가지 예들 이외에도 다음과 같은 반응 예들을 들 수 있다:

(1) 에틸렌 옥사이드ethylene oxide와 암모니아로부터 에탄올아민의 생산:

$$C_2H_4O + NH_3 \rightarrow HOCH_2CH_2NH_2 \quad (MEA)$$

$$C_2H_4O + MEA \rightarrow (HOCH_2CH_2)_2NH \quad (DEA)$$

$$C_2H_4O + DEA \rightarrow (HOCH_2CH_2)_3N \quad (TEA)$$

(2) 벤젠의 수소첨가반응에 의한 싸이클로헥산cyclohexane의 생산:

$$C_6H_6(l) + 3H_2(g) \rightarrow C_6H_{12}(l)$$

(3) $CO_2(g) + 2NH_3(aq) + H_2O(l) \rightarrow (NH_4)_2CO_3(aq)$

2. 반응기 유형

유체-유체 반응에 사용되는 반응기들의 유형은 주로 두 가지 유형들로 나뉘어진다: (1) 탑tower 또는 기둥column 반응기, 그리고 (2) 탱크tank 반응기. 이 절과 다음 절(5.3절)에서 이러한 반응기 유형들의 일반적인 면모를 다루게 되고, 5.4절에서 탑 반응기 유형의 공정 설계점들을 정량적으로 다룰 예정이다.

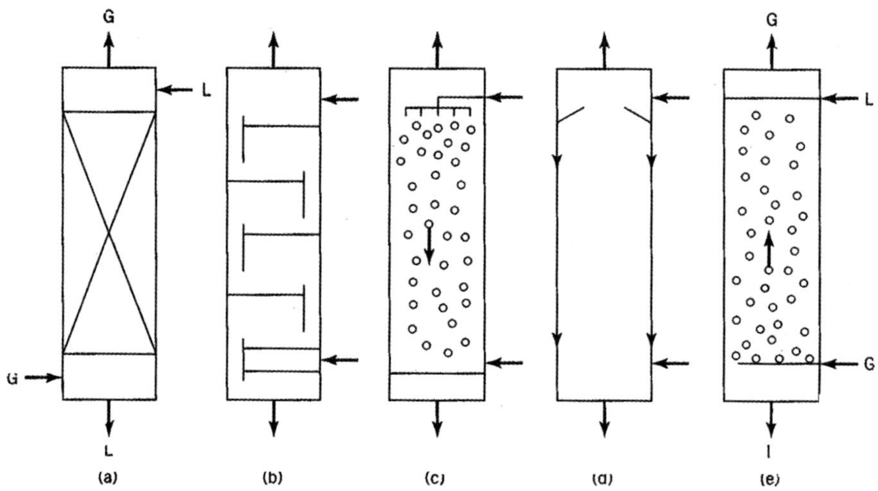

그림 5.1_ 기체-액체 반응에 사용되는 탑 또는 기둥 반응기들의 유형:
(a) 충진 탑; (b) 판형 탑; (c) 분무 탑; (d) 낙하-경막 기둥; (e) 기포 기둥

2.1 탑 또는 기둥 반응기

기계적 교반agitation이 없는 탑 또는 기둥 반응기들은 기체-액체 반응에 주로 사용되며, 액체-액체 반응에 사용될 경우에는 기계적으로 교반되는 작은 부분들compartments을 수직 방향으로 쌓아올린 배열의 장치가 필요하다. 어느 경우에서라도 유체들의 흐름은 향류countercurrent인데, 상대적으로 덜 무거운 유체가 반응기의 바닥bottom으로 들어가고 상대적으로 더 무거운 유체가 반응기의 꼭대기top로 들어간다. 기계적 교반이 없는 기체-액체 반응의 경우에는 상간의interphase 접

촉과 분리가 중력의 영향 하에서 일어나는 반면, 액체-액체 반응의 경우에는 기계적 교반에 의해서 상간의 접촉이 크게 향상된다. 여기서 우리는 기체-액체 반응의 경우를 주로 고려한다. 그 이름으로부터 짐작되듯이, 탑 반응기는 전형적으로 1 보다 상당히 큰 높이-직경(h/D) 비를 가진다. 탑 반응기에서 어느 한 상 또는 두 가지 상들 모두의 흐름 양상pattern은 이상적 흐름ideal flow에 근접하든가 아니면 매우 비이상적일 수 있다. 아래의 5.4절에서의 정량적인 전개를 통해서 우리는 이상적 흐름을 가정하지만, 비이상적 흐름nonideal flow에 대한 보다 더 정교한 모델들도 존재한다. 탑 반응기 유형의 예들을 그림 5.1에 나타내었는데, 기체-액체 접촉 효율에 대해서 중요하게 고려되어야 할 점은 어느 한 상이 다른 상 내부에 연속된 상continuous phase으로 분산되는지 아니면 두 상들이 모두 연속된 상인지 여부이다. 이러한 점은 물질 전달과 원래의 반응에 의해서 결정되는 총괄 반응속도식의 모양에 연관되어 있다.

(1) 충진 탑packed tower: 그림 5.1(a)에 나타낸 충진 탑은 유체들의 적절한 흐름과 혼합이 일어나도록 하기 위해서 세라믹으로 만든 고리ring나 안장saddle 형태의 입자 충진 물질들로 채워져 있다. 유체들의 흐름은 보통 향류이며, 상대적으로 덜 무거운 유체가 탑의 바닥으로 들어간다. 기체와 액체 흐름들은 모두 연속적인 상으로써 이상적인 플러그 흐름의 양상을 가진다. 충진된 입자들 사이의 빈 공간을 통해서 상승하는 기체가 충진된 입자들의 표면위로 흘러내리는 액체 경막과 접촉함으로써 기체-액체 계면의 면적이 증가한다. 유체 흐름의 분포distribution를 좋게 하거나 단계 사이의 열 전달에 의한 온도 조절을 용이하게 하기 위해서 입자들의 충진 층이 수직 방향으로 배열된 단계들로 이루어진다. 어떤 경우에는 충진 층이 trickle-bed 반응기에서처럼 촉매 입자들로 구성되는데, 이러한 경우 유체들의 흐름은 보통 아랫 방향의 평행류cocurrent이다.

(2) 판형 탑plate tower: 그림 5.1(b)에 나타낸 판형 탑에는 탑의 높이를 따라서 일정한 간격으로 bubble-cap 또는 sieve-plate(체-판) 들이 설치되어 있다. 유체들의 흐름은 향류이며, 액체는 각각의 판 위에서 반경 방향으로 균일하게 분포하고 있는 것으로 간주한다. 각각의 판 위에서, 기체는 연속적인 액체 상 내부에 분산되어있다. 기체-액체 계면의 면적은 상대적으로 크며, 기체-액체 접촉 시간은 전

형적으로 충진 탑에서의 그것보다 더 크다.

(3) 분무 탑spray tower: 그림 5.1(c)에 나타낸 분무 탑은 탑 꼭대기로부터 액체를 방울 형태로 분무시켜서 윗 방향으로 흐르는 기체 흐름과 접촉시키는 형태의 빈empty 용기이다. 액체 상은 연속적인 기체 상 내부에 분산되어있고, 각각의 상은 이상적인 플러그 흐름으로 흐른다. 기체-액체 계면의 면적은 상대적으로 크지만, 접촉 시간은 작다.

(4) 낙하-경막 기둥falling-film column: 그림 5.1(d)에 나타낸 낙하-경막 기둥도 탑 꼭대기로부터 도입된 액체가 경막을 형성하여 벽을 따라 흘러내리면서 윗 방향으로 흐르는 기체 흐름과 접촉하는 형태의 빈 용기이다. 각각의 상은 이상적인 플러그 흐름으로 흐른다. 그러나 액체 또는 기체가 서로 분산되지 않으므로, 계면적이 상대적으로 작고 기체-액체 접촉이 상대적으로 비효율적이다. 이러한 유형은 기체-액체 계면적이 잘 정의되므로 물질 전달 특성을 실험적으로 결정하는데 주로 사용된다.

(5) 기포 기둥bubble column: 그림 5.1(e)에 나타낸 기포 기둥도 역시 빈 용기로써, 살포장치sparger에 의해서 생성된 기체 거품들이 아랫 방향으로 흐르는 액체 흐름 속을 통하여 상승한다. 기체 상은 분산되고, 액체 상은 연속적이다; 이상적인 흐름 형태는 기체의 경우 플러그 흐름이고 액체의 경우 혼합 흐름mixed flow이다. 축 방향과 반경 방향의 혼합을 조절하는 것이 상대적으로 어려워서 반응기의 성능에 영향을 미칠 수 있다. 충진 탑의 경우에서처럼 기포 기둥도 촉매 반응에 사용될 수 있다; 이 경우 고체 촉매 입자들을 액체 상에 현탁시켜야 한다.

2.2 탱크 반응기

탱크 반응기는 보통 기계적 교반을 사용하여 상간의 보다 더 밀접한 접촉을 유발시키는데, 어느 한 상이 연속적인 상으로서 다른 상 내부로 분산된다. 기체 상은 탱크의 바닥에 위치한 살포장치를 통해서 탱크 반응기로 도입된다. 탱크 반응기는 큰 체적의 액체 또는 긴 액체 상 체류 시간을 필요로 하는 반응에 적합하다. 반응기의 운전은 두 가지 상들 모두에 대해서 연속식이거나 어느 한 가지 상에 대해서 반연속식semicontinuous이다; 액체에 대해서 회분식batch이고 기체에 대해서 연속식이다. 각각의 상에 대한 가장 단순한 흐름 양상은 혼합 흐름이며, 그림 5.2에 나타낸 것처럼 반응기는 단일계 또는 다단계 형태로 구성되는데, 후자에 있어서 유체 흐름은 평행류와 향류 모두 가능하다. 액체-액체 반응의 경우, 각 단계는 전형적으로 반응이 일어나는 혼합기(mixer; 교반장치 사용)와 중력에 의한 분리가 일어나는 정치기(settler; 교반장치 없음)로 구성되어 있다.

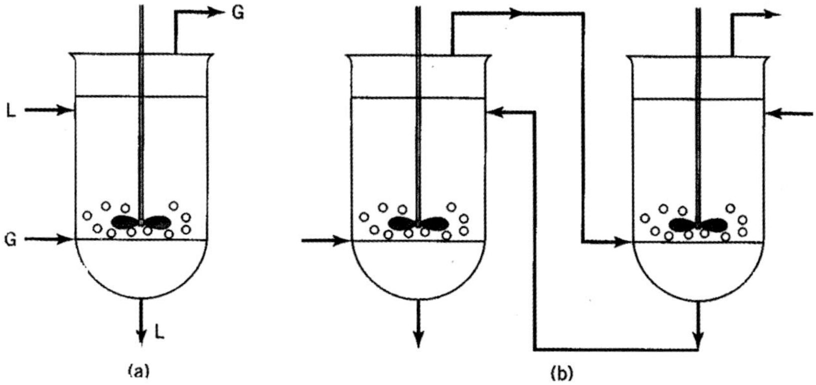

그림 5.2_ 기체-액체 반응에 사용되는 교반 탱크 반응기: (a) 단일계; (b) 다단계

교반장치(stirrer, impeller, turbine, 등)를 갖춘 탱크 반응기는 전통적인 화학 공정 산업과 생물 기술에 있어서의 기체-액체 반응에 광범위하게 사용된다. 또한, 탱크 반응기는 촉매 입자들이 고체 상을 이루는 기체-액체-고체 반응에도 사용되는데, 이 경우 보통 슬러리slurry 반응기라고 부른다. 교반장치가 없이 살포장치만 갖춘 탱크 반응기에 비해서 기계적 교반 능력을 갖춘 탱크 반응기는 보다 더 효율적인 물질 전달을 위해서 더 큰 계면적을 제공하는 이점advantage이 있다. 이것에 의해서 총괄 공정에 대한 물질 전달 제한의 가능성이 감소되는데, 점성이 큰 반응계에 있어서 특별한 장점이 된다. 교반 속도를 조절하면 물질 전달 속도에 영향을 미칠 수 있는데, 향상된 혼합에 의해서 용기 내부에 거의 균일한 온도를 달성할 수 있을 뿐 만 아니라 온도에 민감한 물질을 처리하고 복합 반응 계의 생성물질 수율과 선택도를 조절하는데 이점으로 작용한다. 그 반면, 기계적 교반 능력을 갖춘 탱크 반응기의 주된 단점은 교반에 소요되는 에너지 비용이다. 더구나, 물질 전달 특성이 교반 특성과 관련되므로 scale-up 상의 어려움이 있다. 따라서 완전한 크기full-scale의 반응기를 설계하기 위한 근거를 얻기 위해서는 pilot plant 연구가 흔히 필요하다.

3. 탑 반응기 또는 탱크 반응기의 선택 기준

유체–유체 반응에 있어서 탑-형태 또는 탱크–형태의 반응기를 선택하는 것은 부분적으로 반응 속도 법칙에 의해서 결정된다. 3.2절에서 기체–액체 반응에 대한 이중–경막 모델에 의해서 서술된 바와 같이, 총괄 과정의 속도는 물질 전달과 원래 반응intrinsic reaction의 상대적인 속도들에 의해서 영향을 받는다. 비휘발성 액체 상 반응물질에 대한 두 가지 극단적 경우들은 상간의 물질 전달에 의해서 조절되는 액체-경막에서의 순간적인 반응과 액체 본체에서의 반응에 의해서 조절되는 매우 느린 반응이다. 전자가 큰 계면적에 의해서 용이하게 일어나는 반면, 후자에 대해서는 계면적의 크기가 상대적으로 중요하지 않다. 표 5.1에는 여러 가지 반응기 유형에 대한 기체-액체 계면적의 전형적 값들을 수록하였다. 표 5.1에서 a_i는 액체 상의 단위 체적에 기준한 계면적이고, a'_i는 용기의 단위 체적에 기준한 계면적이다. 두 계면적 값들 a_i와 a'_i는 아래와 같이 연관되는데,

$$a'_i = (V_l/V_R)a_i = (1 - \varepsilon_g)a_i \tag{5-1}$$

여기서 V_l은 용기 내부의 액체 체적이고, V_R은 유체가 차지하는 반응기 체적이며, ε_g는 반응기에서 기체가 차지하는 체적 분율로서 m^3(기체)/m^3(반응기)의 단위로 표시된다.

표 5.1에 수록된 V_l/V_R 비의 값들은 탑 형태의 반응기 내부의 대부분의 체적이 기체 상인 반면, 탱크 반응기 내부의 대부분의 체적이 액체 상이라는 것을 강조하고 있다. 이것은 탑 형태의 반응기에서는 $a_i \gg a'_i$이고 탱크 반응기에서는 $a_i \cong a'_i$라는 것을 의미한다. 물질 전달이 율속rate-controlling인 상황에서는 a_i가 더 중요한 값이고, 이 값은 탑 형태의 반응기에서 훨씬 더 크다. 반응이 율속인 상황에서

는 a_i와 a'_i 가운데 그 어느 것도 중요하지 않으므로, 가장 값싼 반응기 배열에 해당되는 살포장치를 갖춘 탱크 반응기 형태가 충분하다.

〈표 5.1〉 여러 가지 유형의 용기들에 대한 기체-액체 계면적의 전형적 값들

특징	탑 또는 기둥 반응기 (충진, 판형, 분무)	탱크 반응기	
		교반장치	살포장치
a_i(m^2/m^3)	~ 1000	~ 200	~ 20
a'_i(m^2/m^3)	~ 100	~ 180	~ 20
V_l/V_R	~ 0.1	~ 0.9	~ 0.98

4. 탑 반응기

4.1 충진 탑 반응기

다음과 같은 유형의 기체-액체 반응에 대하여 충진 탑의 높이(즉, 충진 층의 길이) h와 직경 D를 결정하는 문제를 고려하기로 하자:

$$A(g) + bB(l) \rightarrow \text{생성물질들} \tag{3-48}$$

여기서 반응물질 A는 기체 상으로부터 전달되어 액체 상에서 비휘발성 반응물질 B와 반응한다. 충진 층의 길이 h는 적절한 물질 수지 또는 연속 방정식를 미소 길이differential length dh의 제어 부피control volume에 적용시켜 결정할 수 있는데, 해당되는 기호들과 제어 부피를 나타내는 흐름 다이아그램을 그림 5.3에 나타내었다. 문제를 단순화시키기 위해서 다음과 같은 가정이 필요하다:

(1) 기체와 액체의 유속들은 충진 탑을 통해서 일정하다; 즉, 어느 한 상에서부터 다른 상으로의 물질 전달이 각 상의 유속에 영향을 미치지 않는다. 그러나 이러한 가정은 항상 적용가능한 것은 아니다; 수소첨가반응에서는 기체의 많은 양이 반응에 의해서 소모된다.

(2) 각 상의 흐름은 플러그 흐름이다.

(3) 온도 T와 압력 P는 일정하다.

(4) 반응기 운전은 정상 상태에서 이루어진다.

(5) 이중-경막 모델이 적용가능하다 (3.2 절 참조).

그림 5.3에서 사용된 기호들은 아래와 같이 설명된다:

G = 기체의 총 물질량 유속, mol/m^2 · s ; L = 액체의 총 체적 유속, m^3/m^2 · s ;

(G와 L은 충진되지 않은 반응기의 단면적 A_c를 기준으로 정의된다.)

C_A = A의 액체 상 농도, mol/m^3 ; C_B = B의 액체 상 농도, mol/m^3 ;

y_A = 기체 상에서 A의 물질량 분율; p_A = 기체 상에서 A의 분압 = y_AP

충진 층의 길이 h는 반응기의 꼭대기에서부터 측정된다.

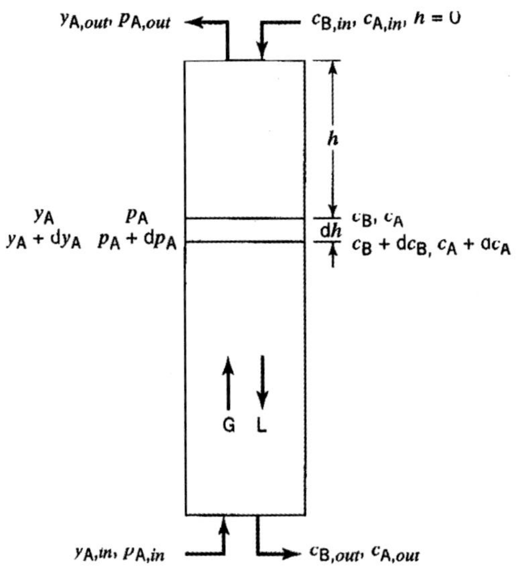

그림 5.3_ [A(g) + bB(l) → 생성물질들]로 표시되는 반응에 사용되는 충진 탑 반응기

위의 그림에서 나타낸 것처럼, 각각의 원료 흐름의 조성과 유속이 전형적인 상황에서 직접 또는 간접적으로 규정되는데, 이것에 의해서 $p_{A,in}$, $C_{A,in}$, $C_{B,in}$, L, 그리고 G의 값을 계산할 수 있다. 이러한 조건으로부터 결정되어야 할 미지unknown 량들은 h (또는 충진 층의 체적 V) 뿐 만 아니라 $p_{A,out}$과 $C_{A,out}$이다. 이것들을 결정하기 위해서는 다음과 같은 액체 상의 적절한 반응 영역들에 대한 반응 속도 법칙(3.2절 참조)의 사용이 필요하다: (1) 액체 본체에서만의 반응(상대적으로 느린 원래의 반응 속도), (2) 액체 경막에서만의 반응(상대적으로 빠른 반응), 또는 (3) 액체 본체와 액체 경막 모두에서 일어나는 반응. (2)의 경우에는 액체 본체 전역에서 $C_A = 0$인 반면, 보다 더 일반적인 경우에 해당되는 (3)의 경우에는 액체 본체에서 $C_A \neq 0$이므로, 아래에서 전개되는 방정식들이 이러한 사실에 근거하여 간략하게 된다. 미지 량들을 결정하기 위해서 그림 5.3의 제어 부피에 적용되는 연속 방정식들은 다음과 같다:

기체 상에서 A에 대한 연속 방정식: (기체 본체의 흐름에 의한 A의 유입 속도) = (기체 본체의 흐름에 의한 A 의 유출 속도) + (액체 경막으로 물질 전달되는 A의 속도)

윗 식의 오른 쪽의 두 번째 항은 기체-액체 계면에서 A의 flux $N_A(z = 0)$에 해당된다. 따라서 위의 연속 방정식은 아래와 같이 쓸 수 있으며,

$$(y_A + dy_A)GA_c = y_AGA_c + N_A(z = 0)a'_iA_c dh \tag{5-2}$$

$y_A = p_A/P$이므로, $$(G/P)dp_A/dh = N_A(z = 0)a'_i \tag{5-3}$$

$N_A(z = 0)$ 형태의 한 예로서 관계식 (3-93)을 들 수 있다.

액체 상 본체에서 A에 대한 연속 방정식: 반응물질 A 가 반응기의 바닥에서부터 유입되므로 액체 본체의 A에 대해서, (액체 본체의 흐름에 의한 A의 유입 속도) + (액체 경막으로부터 물질 전달되는 A의 속도) = (액체 본체의 흐름에 의한 A의 유출 속도) + (액체 본체에서 A의 반응 속도) 형태의 물질 수지 방정식을 세울 수 있다.

윗 식의 왼 쪽의 두 번째 항은 액체-경막과 액체 본체 사이의 가상적인 계면에서의 A 의 flux $N_A(z = 1)$에 해당된다. 따라서 위의 연속 방정식은 아래와 같이 쓸 수 있으며,

$$(C_A + dC_A)LA_c + N_A(z = 1)a'_iA_c dh = C_ALA_c + (-r_A)_{int}(a'_i/a_i)A_c dh \tag{5-4}$$

여기서 $(-r_A)_{int}$는 액체 상에서 균일상 반응 속도 법칙으로 나타낸 A 의 원래의 반응 속도이며, mol/m^3(액체) · s의 단위로서 나타낸다. 위의 연속 방정식을 정리하면,

$$L dC_A/dh = (-r_A)_{int}(a'_i/a_i) - N_A(z = 1)a'_i \tag{5-5}$$

$N_A(z = 1)$ 형태의 한 예로서 관계식 (3-93a)을 들 수 있다.

액체 상 본체에서 B에 대한 연속 방정식: 반응물질 B 가 반응기의 꼭대기에서부터 유입되므로 액체 본체의 B에 대해서, (액체 본체의 흐름에 의한 B 의 유입 속도) = (액체 본체의 흐름에 의한 B의 유출 속도) + (액체 본체에서 B 의 반응 속도) + (액체 경막으로 물질 전달되는 B의 속도) 형태의 물질 수지 방정식을 세울 수 있다. 따라서 향류–확산counter-diffusion의 경우 액체 경막에서 B의 확산 속도가 $N_B = -bN_A$이므로,

$$C_B L A_c = (C_B + dC_B) L A_c + b(-r_A)_{int}(a'_i/a_i) A_c dh - bN_A(z = 1) a'_i A_c dh \quad (5\text{-}6)$$

또는 $-L dC_B/dh = b[(-r_A)_{int}(a'_i/a_i) - N_A(z = 1)a'_i] = bL dC_A/dh$가 된다.

따라서 $$-dC_B/dh = b\, dC_A/dh \quad (5\text{-}7)$$

위의 관계식은 총괄 양론과 일치한다. 즉, 액체 상에 대한 두 연속 방정식들은 독립적인 관계식들이 아니다; 둘 가운데 어느 하나를 편의상 선택하면 된다.

연속 방정식 (5-3)과 (5-5)는 반응이 액체 경막과 액체 본체 모두에서 일어나는 경우(즉, $0.1 < \mathrm{Ha} < 3$)에 대해서 전개되었다. 반응이 액체 경막에서만 일어나는 경우($\mathrm{Ha} > 3$)에는 액체 본체에서 $C_A = 0$이며 연속 방정식 (5-5)가 적용되지 않으므로 위의 연속 방정식들이 간략하게 된다; $N_A(z = 0) \equiv (-r_A)$의 한 예로서 관계식 (3-96)을 들 수 있으며, $N_A(z = 1) \rightarrow 0$이 된다. 반응이 액체 본체에서만 일어나는 경우($\mathrm{Ha} < 0.1$)에는 $N_A(z = 0) = N_A(z = 1) \equiv (-r_A)$가 되는데, 그 한 예로서 관계식 (3-65)을 들 수 있다.

반응기에 대한 총괄 물질 수지: 반응기 전체에 대해서 추가적인(독립적인) 물질 수지를 세우면 $p_{A,out}$과 $C_{A,out}$ 사이의 관계를 다음과 같이 정립할 수 있다.

(a) A의 물질량 기준으로 (기체 흐름으로 유입되는 유속) + (액체 흐름으로 유입되는 유속) = (기체 흐름으로 유출되는 유속) + (액체 흐름으로 유출되는 유속) + (반응에 의해서 소멸되는 속도)이므로, 연속 방정식의 각 항을 그림 5.3에서 사용된 기호들로 나타내면 $(A_c G/P) p_{A,in} + A_c L C_{A,in} = (A_c G/P) p_{A,out} + A_c L C_{A,out} + A_c \text{“}r_A\text{”}$이고,

$$\text{“}r_A\text{”} = (G/P)(p_{A,in} - p_{A,out}) + L(C_{A,in} - C_{A,out}) \quad (5\text{-}8)$$

여기서 “r_A”는 반응기 전체에 대한 반응물질 A의 총괄 소모 속도이다; 액

체 경막과 액체 본체에서의 소모 속도를 합한 값에 해당된다.

(b) B의 물질량 기준으로도 유사한 방법에 의해서,

$$``r_B'' = L(C_{B,in} - C_{B,out}) = b``r_A'' \tag{5-9}$$

관계식 (5-8)과 (5-9)를 통합하면,

$$(G/P)(p_{A,in} - p_{A,out}) = (L/b)(C_{B,in} - C_{B,out}) + L(C_{A,out} - C_{A,in}) \tag{5-10}$$

관계식 (5-10)을 변형시키면 반응기 내부의 어떤 지점에서의 p_A, C_B, 그리고 C_A를 $p_{A,in}$, C_{Bout}, 그리고 $C_{A,out}$과 관련지우거나(그 지점과 반응기의 바닥 사이의 물질 수지에 의해서) 또는 $p_{A,out}$, $C_{A,in}$, 그리고 $C_{B,in}$과 관련지울 수 있다(그 지점과 반응기의 꼭대기 사이의 물질 수지에 의해서). 따라서 반응기의 꼭대기에서는,

$$(G/P)(p_A - p_{A,out}) = (L/b)(C_{B,in} - C_B) + L(C_A - C_{A,in}) \tag{5-10a}$$

반응기의 바닥에서는,

$$(G/P)(p_{A,in} - p_A) = (L/b)(C_B - C_{B,out}) + L(C_{A,out} - C_A) \tag{5-10b}$$

반응기의 직경 D는 충진 탑 시스템의 제원specification에 의해서 결정된다. 따라서 충진 탑의 공탑empty tower 단면적 A_c는

$$A_c = \pi D^2/4 = q_g/u_{sg} = F_{tg}/G = q_l/L \tag{5-11}$$

여기서 q_g, u_{sg}, 그리고 F_{tg}는 각각 기체 흐름의 체적 유속, 겉보기superficial 선속도, 그리고 물질량 유속이며, q_l은 액체 흐름의 체적 유속이다. 기체 흐름의 유속 값들은 상태 방정식equation of state에 의해서 서로 연관되는데, 이상 기체의 경우,

$$q_g = F_{tg}RT/P \tag{5-12}$$

공정 설계에 있어서 또 다른 중요한 점은 기체 흐름과 액체 흐름의 상대적인 유속 G/L인데, 아래의 예제에서 검토되었다.

예제 5-1

그림 5.3에 나타낸 충진 탑 반응기를 사용하여 정해진 기체 유속 G와 전압 P의 조건에서 기체 상의 A 분압을 $p_{A,in}$에서부터 $p_{A,out}$으로 감소시키고자 한다. 필요한 액체 유속의 최소값 L_{min}을 G, P, 그리고 A와 B의 분압과 농도에 의해서 나타내라. 액체 원료에는 A가 포함되지 않는다고 가정한다.

[풀이]

$L \to L_{min}$에 대한 판단 기준은 $C_{B,out} \to 0$ 이다. 즉, 반응기 꼭대기에서 기체 상의 A분압을 $p_{A,out}$으로 낮추고 반응기 바닥에서 액체 상의 A농도 $C_{A,out}$으로 배출되는 것을 달성하는데 필요한 만큼의 B유입 속도가 L_{min}에 해당된다. 관계식 (5-10)에서 $C_{B,out} = C_{A,in} = 0$이고 $L = L_{min}$이면,

$$L_{min} = (bG/P)(p_{A,in} - p_{A,out})/(C_{B,in} + bC_{A,out}) \tag{5-13}$$

반응이 액체 경막에서만 일어날 경우 $C_{A,out} = 0$이므로 위의 식은 다음과 같이 바뀐다:

$$L_{min} = (bG/P)(p_{A,in} - p_{A,out})/C_{B,in} \tag{5-14}$$

그럴 경우,

$$L = \alpha L_{min} \ \ (\alpha > 1) \tag{5-15}$$

α를 결정하기 위해서는 충진 입자 층의 flooding과 wetting을 감안하는 것이 필요하다.

4.2 기포 탑 반응기

그림 5.1(e)에 나타낸 기포 탑 반응기는 기체-액체 반응에 사용하려면 기체가 반응기의 바닥으로 들어와서 기포로 분산되어 액체 흐름에 대해서 향류 흐름으로 흘러서 반응기 꼭대기를 나가야 한다. 유체 흐름들은 기계적으로 교반되지 않으며, 기포들은 플러그 흐름으로 가정하고 액체는 혼합 흐름으로 가정하는 것이 이상적인 흐름 모델이다. 요구되는 성능에 필요한 반응기를 설계하려면 높이와 직경을 결정하여야 한다.

4.2.1 기포 탑 반응기의 연속 방정식

기체 상의 A에 대한 연속 방정식: 위에서 유도된 관계식 (5-3)이 플러그 흐름으로 흐르는 기체 상의 A에 대한 연속 방정식을 다시 나타낸다.

$$(G/P)dp_A/dh = N_A(z = 0)a'_i \tag{5-3}$$

액체 본체의 A에 대한 연속 방정식: 관계식 (5-4)를 유도하는 것에 대응되는 방법으로 액체 상의 A에 대한 연속 방정식을 나타내면,

$$C_{A,in}q_l + a'_i\int_0^V N_A(z=1)dV = C_{A,out}q_l + (1-\varepsilon_g)(-r_A)_{int}V \qquad (5\text{-}16)$$

관계식 (5-16)의 왼쪽에 있는 적분이 필요한데, 그 이유는 $C_A(=C_{A,out})$가 반응기의 꼭대기에서부터 바닥까지의 액체 본체(혼합 흐름)를 통해서 일정한 값을 갖더라도 p_A가 반응기의 바닥에서부터 꼭대기까지 연속적으로 감소하기 때문이다. C_A와 p_A는 $N_A(z=1)$에 모두 포함된다.

반응기에 대한 총괄 물질 수지: 반응기에 대한 총괄 물질 수지는 충진 탑 반응기에 대한 관계식 (5-10)과 동일하다.

$$(G/P)(p_{A,in} - p_{A,out}) = (L/b)(C_{B,in} - C_{B,out}) + L(C_{A,out} - C_{A,in}) \qquad (5\text{-}10)$$

4.2.2 기포 탑 반응기의 설계 변수들에 대한 상관 관계식들

위에서 유도된 기포 탑 반응기의 연속 방정식 또는 설계 방정식을 적용시키기 전에 그것들에 포함된 매개변수들의 값을 결정할 수 있는 수단이 있어야 한다. 이 매개변수들은 반응기 내부의 기체 체적gas holdup ε_g, 물질 전달 계수 k_{Al}과 k_{Ag}, 그리고 기체-액체 계면적 a_i 또는 a'_i이다. 이들의 대부분에 대해서 Shah 등(1982)의 검토 결과를 이용하는데, 사용되는 상관 관계식이 반응기의 설계 또는 운전 조건들에 대해서 심각한 영향을 미친다.

반응기 내부의 기체 체적 ε_g: 비전해질 액체 상의 경우 Hikita 등(1980)의 상관 관계식이 사용되는데,

$$\varepsilon_g = 0.672(u_{sg}\mu_l/\sigma)^{0.578}(\mu_l^4 g/\rho_l\sigma^3)^{-0.131}(\rho_g/\rho_l)^{0.062}(\mu_g/\mu_l)^{0.107} \qquad (5\text{-}17)$$

여기서 u_{sg}는 기체의 겉보기 선 속도(m/s)이고, g는 중력 가속도 9.80m/s^{2}이고, σ는 계면의 장력(N/m)이고, μ_g와 μ_l은 각각 기체와 액체의 점도(Pa · s)이고, ρ_g와 ρ_l은 각각 기체와 액체의 밀도(kg/m^3)이다. 관계식 (5-17)의 각 항은 무차원이므로 위와 같이 일관성있는 단위들이 사용되어야 한다.

물질 전달 계수 k_{Al}: 액체-경막의 물질 전달 계수는 k_{Al} 또는 $k_{Al}a'_i$에 대한 상관 관계식에 의해서 결정된다. k_{Al}의 경우, 작은 크기의 기포들에 대한 Calderbank와 Moo-Young(1961)의 상관 관계식은

$$k_{Al} = 0.0031[(\rho_l - \rho_g)\mu_l g/\rho_l^2]^{1/3}(\mu_l/\rho_l D_A)^{-1/3} \qquad (5\text{-}18)$$

여기서 D_A는 액체 상에서 A의 분자 확산계수(m^2/s)이다.

위에서 주어진 단위들을 사용하면 k_{Al}은 관계식 (5-18)의 두 번째 항으로부터 유도된 것처럼 m/s의 단위로 나타낸다; 관계식 (5-18)의 세 번째 항은 무차원이다.

$k_{Al}\,a'_i$의 경우, Hikita 등(1981)의 상관 관계식은

$$k_{Al}\,a'_i=14.9(g/u_{sg})(u_{sg}\mu_l/\sigma)^{1.76}(\mu_l^4 g/\rho_l\sigma^3)^{-0.248}(\mu_g/\mu_l)^{0.243}(\mu_l/\rho_l D_A)^{-0.604} \quad (5\text{-}19)$$

위에서 주어진 단위들을 사용하면 $k_{Al}\,a'_i$는 관계식 (5-19)의 첫 번째 항으로부터 유도된 것처럼 s^{-1}의 단위로 나타낸다; 관계식 (5-19)의 나머지 항들은 무차원이다.

계면의 면적 a'_i: $k_{Al}\,a'_i$로부터 k_{Al}을 계산하기 위해서는 a'_i 또는 a_i에 대한 상관 관계식이 필요한데, Froment와 Bischoff(1990)에 의해서 주어진 a'_i에 대한 표현은

$$a'_i = 2u_{sg}(\rho_l^3 g/\sigma^3)^{1/4} \quad (5\text{-}20)$$

위에서의 단위들을 사용하면 a'_i는 m^{-1}의 단위, 즉, m^2 계면적/(m^3 반응기) 로 나타낸다.

물질 전달 계수 k_{Ag} : Shah 등(1982)은 k_{Ag}를 결정하기 위한 상관 관계식을 추천하지 않았는데, 그 이유는 그 시점까지는 기포 탑 내부에서의 k_{Ag}에 대한 상관 관계식이 문헌에 보고되지 않았기 때문이다. 기체 상이 순수한 반응물질 A로 이루어지면 기체 상의 물질 전달 저항이 없지만, 반응물질 A의 용해도가 높고 액체 상에서 빠르게 반응할 경우에는 기체 상의 물질 전달 저항이 상당히 커진다.

5. Trickle-bed 반응기 : 3-상 반응

Trickle-bed 반응기는 기체-액체 반응을 일으키는 촉매 입자들이 충진 층에 고정된 3-상(기체+액체+고체) 반응기이다:

$$\text{catalyst}(s)\text{ 상에서 } A(g) + bB(l) \rightarrow \text{생성물질들} \quad (5\text{-}21)$$

한계 반응물질limiting reactant은 보통 B인데, 휘발성 또는 비휘발성 물질이다.

기체와 액체 흐름은 보통 고체 충진 층의 아랫 방향으로 평행류로 흐른다. 이상적인 흐름 조건에서는, 기체와 액체 상의 상대적인 흐름과 성질들에 의해서 액

체가 아랫 방향의 흐름 속trickle flow에서 고체 입자들의 표면을 얇은 경막으로 젖게끔 하여야 한다. 기체는 고체 충진 층의 입자 사이의 빈 공간을 통해서 아랫 방향으로 이동한다. Trickle flow는 기체와 액체의 상대적으로 낮은 유속 조건에서 발생하는 유체의 흐름 거동인데, 유속들이 더 커지면 분무, slugging, 포말현상, pulsing, 또는 기포발생과 같이 바람직하지 못한 흐름 거동이 발생한다; 이러한 흐름 거동의 유형은 유체들의 상대적인 유속과 물성들에 의해서 좌우된다. Trickle-bed 반응기는 원유 성분들로부터 유황, 질소, 그리고 금속 불순물들을 수소와 반응시켜 제거하는 수소처리 촉매반응catalytic hydrotreating 뿐 만 아니라, 원유 성분들의 촉매 수소분해반응catalytic hydrocracking과 여타의 촉매를 사용하는 수소첨가반응hydrogenation 및 산화반응oxidation이 일어나는 공정들에 사용된다. 첫 번째 반응의 한 예로서 dibenzothiophene과 같은 유황 화합물과 cobalt molybdate 계열의 촉매가 사용되는 반응을 들 수 있다:

$$(C_6H_5)_2S(l) + H_2(g) \rightarrow (C_6H_5)_2(l) + H_2S(g) \tag{5-22}$$

Trickle-bed 반응기를 설계하려면 기체와 액체 상에 대한 적절한 hydrodynamic 모델들과 함께 반응물질들의 물질 전달 특성, 열 전달 특성, 그리고 세공성 촉매의 내부 표면에서 원래의 반응 속도에 대한 kinetics 모델을 통합시키는 것이 필요하다. 가장 간단한 hydrodynamic 모델들은 기체에 대해서 플러그 흐름과 액체에 대해서 분산된dispersed 플러그 흐름을 사용한다. 물질 전달 특성에 의해서 기체 상의 반응물질 A가 기체 본체에서부터 액체 본체로 이동하고, 계속해서 고체 촉매 입자들의 외부 표면으로 이동하며, 최종적으로는 입자 내부의 세공 구조로 이동한다. 액체 상의 반응물질 B가 비휘발성일 경우에는, 액체 본체에서부터 입자 내부의 세공 구조로 B가 이동하는 것을 고려하여야 한다. 비등온 상태의 운전에 대한 열 전달 특성에 의해서 축 방향과 반경 방향의 온도 구배들과 액체의 기화현상을 고려하여야 한다. 원래의 반응 속도 법칙은 Langmuir-Hinshelwood 형태 또는 보다 더 단순한 멱함수power-law 형태의 반응속도식을 포함한다. 원칙적으로는, 이 모든 것들이 기체 상과 액체 상의 반응물질 A와 액체 상의 반응물질 B에 대한 연속 방정식과 에너지 방정식에 고려되어서 반응기 축 방향의 A와 B의 농도 이력들과 축 방향 및 반경 방향의 온도 이력들을 얻을 수 있다. Trickle-bed 반응기에 대한 여러 가지 모델들에 포함되는 매개변수들은 물질 및 열 전달 계수들, 액체의 체적liquid holdup, 축 방향의 분산, 계면의 면적, 젖음의 정도, 촉매 입자의 유효성 인자, 그리고 유효 열 전도도이다. 그러나 여러 가지 상관 관계식들로부터 얻어지는 이 매개변수들의 값들이 불확실하기 때문에 trickle-bed 반응기의 설계가 어려워진다.

| 익힘문제 |

1. 기체-액체 반응에 있어서의 어떠한 조건에서 상대적으로 많은 액체의 체적 liquid holdup이 반응기에서 필요한가를 설명하라. 또한, 이러한 경우 어떤 유형의 반응기를 사용하면 좋은가?
2. 25℃와 10bar에서 운전되는 향류-흐름의 충진 탑 반응기에서 기체 흐름을 MEA 수용액으로 처리하여 CO_2 성분을 제거하고자 한다:

$$CO_2(A) + 2RNH_2(B) \rightarrow RNH_2COO^- + RNH_2^+$$

적절한 반응 속도 법칙kinetics의 영역을 추정하고 다음과 같은 자료에 근거하여 필요한 충진 층의 높이를 계산하라:

자료: $C_{B,in}$ = 2.0mol/L; $y_{A,in}$ = 2mol%; $y_{A,put}$ = 3×10^{-3}mol%;

G(일정하다고 가정) = 3×10^{-3}mol/cm^2 · s;

L(일정하다고 가정) = $5L_{min}$cm^3/cm^2 · s;

D_{Al} = 1.4×10^{-5}cm^2/s; D_{Bl} = 0.77×10^{-5}cm^2/s;

k_{Al} = 0.02cm/s; $k_{Ag}\,a'_i$ = 8×10^{-6}mol/cm^3 · bar · s; a'_i = 140 m^2/(m^3 반응기);

k_A = 7.5×10^3L/mol · s; H_A = 3×10^4bar · cm^3/mol

3. 20℃에서 운전되는 충진 탑 반응기에서 H_2S(A)를 함유하는 전압 20bar의 운반체 기체를 농도 C_B의 MEA(B) 수용액과 반응시켜 H_2S를 제거하려고 한다:

$$H_2S + RNH_2 \rightarrow HS^- + RNH_3^+$$

여기서 R = $HOCH_2CH_2$이고, 다음과 같은 자료들을 사용할 수 있다.

자료: $D_{Al} = 1.5 \times 10^{-5}$cm²/s; $D_{Bl} = 1.0 \times 10^{-5}$cm²/s; $H_A = 0.115$bar · L/mol;

$k_{Al}\,a'_i = 0.030$/s; $k_{Ag}\,a'_i = 6 \times 10^{-5}$mol/cm³ · s · (bar)

반응기 내부의 세 지점들(꼭대기, 중간 지점, 바닥)에 대해서 아래의 표를 완성하라 (즉, ? 로 표시된 빈 칸들을 채워라):

항목	반응기 꼭대기	반응기 중간 깊이	반응기 바닥
p_A, bar	0.002	0.02	0.08
C_B, mol/L	0.295	0.25	0.10
$C_{B,max}$, mol/L	?	?	?
반응의 영역	?	?	?
향상성 인자 E	?	?	?

4. 비활성 물질을 함유하는 기체 흐름으로부터 A성분 물질을 액체 흐름에 흡수시키기 위해서 충진 탑을 연속적인 정상 상태 조건에서 운전하고자 한다. 액체 흐름에는 비휘발성의 B성분 물질이 함유되어 있으며, A의 흡수에 동반하여 [A(g) + bB(l) → 생성물질들]로 표시되는 기체-액체 반응이 순간적으로 빠르게 일어난다. 총괄 과정의 속도는 액체-경막에 의해서 율속된다고 가정한다.

(a) B에 대한 물질 수지를 사용하여 어떤 조건 하에서 필요한 충진 층의 높이 h가 다음과 같이 결정됨을 보여라.

$$h = (L/a'_i)\int_a^b [1/(-r_B)]\,dC_B \quad (\text{단, } a = C_{B,out}\,;\ b = C_{B,in})$$

(b) 향상성 인자 E가 상대적으로 크면 (a)의 관계식을 아래와 같이 나타낼 수 있음을 보여라.

$$h = (L/k_{Bl}\,a'_i)\ln(C_{B,in}/C_{B,out})$$

(c) 다음의 자료를 사용하여 충진 층의 높이 h를 계산하라.

$C_{B,in} = 1500$mol/m³; $y_{A,in} = 0.08$; $y_{A,out} \ll y_{A,in}$; $b = 2$; $G = 150$mol/m² · s;

$k_{Bl} = 5 \times 10^{-5}$m/s; $L = 2L_{min}$; $a'_i = 100$m²/(m³ 충진 층)

참고 문헌

Aris, R., *Introduction to the Analysis of Chemical Reactors*, Prentice-Hall, Englewood Cliffs, NJ, 1965.

Boudart, M., and G. Djega-Mariadassou, *Kinetics of Heterogeneous Catalytic Reactions*, Princeton U. Press, Princeton, NJ, 1984.

Calderbank, P. H., and M. B. Moo-Young, *Chem. Eng. Sci.*, 16, 39(1961).

Chartrand, G., and C. M. Crowe, *Can. J. Chem. Eng.*, 47, 296(1969).

Chong, A. O., and K. B. Sharpless, *J. Org. Chem.*, 42, 1587(1977).

Danckwerts, P. V., *Gas-Liquid Reactions*, McGraw-Hill, New York, 1970.

Davis, M. E., and R. J. Davis, *Fundamentals of Chemical Reaction Engineering*, McGraw-Hill, New York, 2003.

Eklund, R. B., *The Rate of Oxidation of Sulfur Dioxide with a Commercial Vanadium Catalyst*, Almgvist and Wiksell, Stockholm, 1956.

Ergun, S., *Chem. Eng. Progr.*, 48, 93(1952).

Fogler, H. S., *Elements of Chemical Reaction Engineering*, 4th ed., Prentice-Hall, Englewood Cliffs, NJ, 2006.

Froment, G. F., and K. B. Bischoff, *Chemical Reactor Analysis and Design*, 2nd ed., John Wiley & Sons, Inc., New York, 1990.

Gates, B. C., *Catalytic Chemistry*, John Wiley & Sons, Inc., New York, 1992.

Hatta, S., *Technol. Repts. Tohoku Imp. Univ.*, 10, 119(1932).

Haupfear, E. A., and L. D. Schmidt, *Chem. Eng. Sci.*, 49, 2467(1994).

Hikita, H., S. Asai, K. Tanigawa, K. Segawa, and M. Kitao, *Chem. Eng. J.*, 20, 59(1980).

Hikita, H., S. Asai, K. Tanigawa, K. Segawa, and M. Kitao, *Chem. Eng. J.*, 22, 61(1981).

Hinshelwood, C. N., and R. E. Burk, *Trans. Chem. Soc.*, 127, 1105(1925).

Horn, F., *Chem. Eng. Sci.*, 14, 20(1961).

Knudsen, J. G., and D. L. Katz, *Fluid Dynamics and Heat Transfer*, McGraw-Hill, New York, 1958.

Konocki, K. K., *Chem. Eng. Japan*, 21, 408(1956).

Langmuir, I., *J. Am. Chem. Soc.*, 30, 1742(1908).

Levenspiel, O., *Chemical Reaction Engineering*, 3rd ed., John Wiley & Sons, Inc., New York, 1999.

Lewis, W. K., and W. G. Whitman, *Ind. Eng. Chem.*, 16, 1215(1924).

Lombardo, S., B. A. Sc. Thesis, University of Toronto, 1985.

Mars, P., and D. W. van Krevelen, *Special Supplement to Chem. Eng. Sci.*, 3, 41(1954).

Minhas, S., and J. J. Carberry, *Br. Chem. Eng.*, 14, 799(1969).

Missen, R. W., C. A. Mims, and B. A. Saville, *Introduction to Chemical Reaction Engineering and Kinetics*, John Wiley & Sons, Inc., New York, 1999.

Ranz, W. E., and W. R. Marshall, *Chem. Eng. Progr.*, 48, 173(1952).

Reid, R. C., J. M. Prausnitz, and B. E. Poling, *The Properties of Gases and Liquids*, 4th ed., McGraw-Hill, New York, 1987.

Satterfield, C. N., *Heterogeneous Catalysis in Industrial Practice*, 2nd ed., McGraw-Hill, New York, 1991.

Shah, Y. T., B. G. Kelkar, S. P. Godbole, and W.-D. Deckwer, *AIChE J.*, 28, 353(1982).

Smith, J. M., *Chemical Engineering Kinetics*, 3rd ed., McGraw-Hill, New York, 1981.

Somorjai, G. A., *Introduction to Surface Chemistry and Catalysis*, John Wiley & Sons, Inc., New York, 1994.

Van Krevelen, D. W., and P. J. Hoftijzer, *Rec. Trav. Chim. Pays-Bas*, 67, 563(1948).

Weisz, P. B., and C. D. Prater, *Adv. Catal.*, 6, 143(1954).

Weisz, P. B., and J. S. Hicks, *Chem. Eng. Sci.*, 17, 265(1962).

Wilkinson, F., *Chemical Kinetics and Reaction Mechanisms*, van Nostrand Reinhold, New York, 1980.